CIENCIA
NUCLEAR

Física, centrales, combustible, seguridad, residuos, tecnología, economía

ISBN:9798866722792

Edición EMD

Índice

1. Física nuclear y radiación

La Física Nuclear, que trata sobre la estructura, propiedades y transformaciones de los núcleos atómicos, es una disciplina científica que cuenta apenas con un siglo de antigüedad. El descubrimiento de los rayos-X en 1895 y de la radiactividad natural en 1896 marcó el comienzo de la rama de la ciencia que a mediados del siglo XX desencadenaría la III Revolución Industrial.

Muchos han sido los avances, tanto teóricos como experimentales, desde finales del siglo XIX. En este capítulo se presenta un pequeño resumen de la visión que los científicos han tenido del átomo desde aquellos años y cómo el conocimiento del mismo se ha ido transformando paulatinamente. Posteriormente se describen los dos tipos de reacciones más energéticas del universo, tanto la fusión como la fisión, haciendo especial hincapié en esta última, ya que en ella se basa el funcionamiento de todas las centrales nucleares existentes en el mundo. Se finaliza el capítulo con una breve descripción histórica del desarrollo de la energía nuclear.

1.1. Breve historia de la física nuclear

A lo largo de la historia, fueron varios los modelos que trataron de describir cómo estaba hecha la materia. Hacia el año 400 a.C., el filósofo Demócrito describía la materia como una entidad formada por átomos, que por definición eran entes indivisibles, sus partículas fundamentales.

Pocos avances teóricos se realizaron hasta hace poco más de doscientos años, a principios del siglo XIX, y aun así la concepción que se tenía de la estructura de la materia era radicalmente distinta a la que se tiene hoy en día. Se pensaba, gracias al modelo atómico postulado por el científico inglés John Dalton en 1808, que la materia estaba compuesta por átomos, que no se podían dividir de ninguna manera, que eran iguales entre sí en cada elemento químico y que además no tenían carga eléctrica.

A finales de dicho siglo, en 1896, debido en gran parte a la casualidad, un científico francés llamado Henri Becquerel descubrió que algunos materiales que se podían encontrar en la naturaleza emitían partículas. Ese extraño fenómeno fue denominado posteriormente "radiactividad".

Sólo un año después, el inglés J.J. Thompson descubría el electrón, una partícula muchísimo más pequeña que el tamaño de los denominados átomos y que además estaba cargada. Esos dos hechos desmontaban por completo la concepción que se tenía de la materia. El mismo Thompson, el año siguiente propuso un modelo de átomo en el que encajaba dicho descubrimiento: ese átomo anteriormente indivisible en realidad estaba compuesto por una masa de carga positiva que tenía alojados en su interior los electrones. El conjunto por tanto, era de carga neutra.

Ese mismo año 1898 el matrimonio francés formado por Pierre y Marie Curie descubrió nuevos materiales "radiactivos" como el radio y el polonio. Pero esta vez, lo que emitían era mucho más grande que un electrón y de carga positiva: una partícula alfa.

Un reputado científico neozelandés llamado Ernest Rutherford, discípulo de Thompson, quiso verificar lo bueno que era el modelo propuesto por Thompson y bombardeó láminas de oro muy finas con dichas partículas alfa. Los resultados que se esperaban eran que la mayoría de las partículas alfa (de carga positiva) rebotase debido a la dificultad de atravesar la densa masa positiva con electrones que era la materia en el modelo de Thompson. Para sorpresa de todos, la mayoría de las partículas alfa atravesaron la materia, algunas de ellas desviándose cierto ángulo, otras pocas fueron rebotadas. Eso no encajaba con el modelo anterior, había que pensarse las cosas de nuevo.

El mismo Rutherford propuso un modelo de átomo en 1911 que estaba de acuerdo con su experiencia: el átomo en realidad estaba constituido por un núcleo de carga positiva en el centro con electrones alrededor. Ese núcleo se sospechaba que estaba compuesto por partículas positivas (protones) y neutras (lo que más tarde se denominó neutrones). El tamaño del núcleo en relación con el del átomo era como un balón de fútbol en el centro de un estadio: es decir, el átomo estaba prácticamente hueco, por eso las partículas alfa pasaban a través de él, y sólo unas pocas conseguían colisionar con el pequeñísimo núcleo o eran desviadas si pasaban cerca.

Ese modelo fue completado de forma inmediata por otro de los mayores científicos del siglo XX, el danés Niels Bohr, joven discípulo de Rutherford, que a los 26 años introdujo un modelo más sólido, que tenía en cuenta la física cuántica para explicar los movimientos de los electrones alrededor del núcleo y los organizaba en distintas capas.

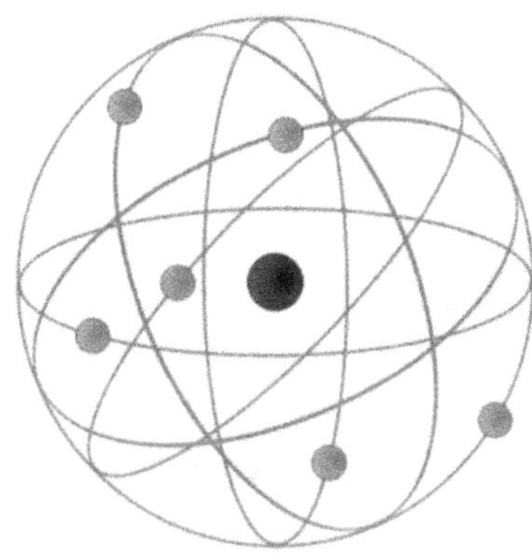

Figura 1. Esquema del átomo según el modelo de Rutherford

Unos años después, la total irrupción de la mecánica cuántica llegó al modelo atómico de la mano del austríaco Erwin Schrödinger, cuyo modelo propuesto en 1926 sigue aún vigente.

Años más tarde, en 1932, se verifica la existencia de esa partícula denominada neutrón, mediante una serie de experimentos realizados por el inglés James Chadwick.

Hoy se sabe que un átomo consta de un núcleo que porta casi la totalidad de la masa del átomo y unos electrones dispuestos en torno al núcleo de acuerdo con unas distribuciones de probabilidad que determina la física cuántica. El núcleo del átomo no es un ente fundamental, sino que puede ser dividido en partes más pequeñas. Está formado por neutrones (sin carga eléctrica) y protones (con carga eléctrica positiva), y se sabe que estas dos partículas (llamadas genéricamente nucleones) tampoco son indivisibles, sino que están compuestas de otras más pequeñas denominadas quarks.

Después del descubrimiento del neutrón, muchos científicos famosos realizaron experimentos en los que bombardeaban al material más pesado de la naturaleza (uranio) con neutrones. El primero en hacer experimentos mediante el bombardeo de núcleos de uranio con neutrones fue el italiano Enrico Fermi; sus trabajos le valieron el Premio Nobel de Física en 1938. Sus investigaciones alentaron a Otto Hahn, Lise Meitner y Fritz Strassmann, que en 1939 demostraron que después de bombardear uranio con neutrones, aparecían núcleos de bario, que tenía una masa aproximadamente la mitad que el uranio. Estos resultados crearon una gran controversia en la comunidad científica, pero fueron rápidamente corroborados por nuevos experimentos que disiparon todas las dudas al respecto: se había descubierto la fisión nuclear. Estos trabajos le valieron a Otto Hahn el Premio Nobel de Química en 1944.

Gran parte de los científicos implicados en estas investigaciones eran de origen judío, y acabaron emigrando a Estados Unidos a medida que los regímenes totalitarios se adueñaban de sus respectivos países. Tal fue el caso de Enrico Fermi, que aprovechando la ceremonia de entrega de los Nobel escapó junto con toda su familia de Italia. Este insigne físico, uno de los más grandes de la historia, condujo a su equipo de investigación a uno de los mayores logros de la historia de la ciencia, la primera reacción nuclear en cadena autosostenida, que tuvo lugar a las 15:20 horas del día 2 de diciembre de 1942. Ese día se logró iniciar una reacción en cadena y posteriormente detenerla, consiguiendo liberar de forma controlada energía nuclear.

Pocos años después, impulsado por los intereses bélicos de Estados Unidos, se logró poner en marcha el primer reactor que opera de forma continuada en 1944 en Hanford y en 1951 el primer reactor que produce electricidad, el EBR-1 en el laboratorio nacional de Los Álamos.

En 1953 el entonces presidente de los Estados Unidos, Dwight D. Eisenhower pronunció su famoso discurso de *Atoms for Peace* en el que EEUU abrió la tecnología nuclear al mundo para su uso civil, en producción de electricidad. En 1956 se puso en operación el primer reactor de producción eléctrica de Europa, Calder Hall (Reino Unido). En los años posteriores se comenzaría la construcción de centrales nucleares en el mundo, hasta los aproximadamente 400 reactores en operación.

Como en otros ámbitos de la ciencia, una de las dificultades de la Física Nuclear consiste en el tamaño del núcleo atómico, de unas dimensiones tan diminutas que dificulta cualquier aproximación cualitativa hacia su estudio. Conviene, por tanto, llevar a cabo una breve discusión que enmarque las dimensiones y tamaños propios de los núcleos atómicos en comparación con otras escalas que tal vez nos son más familiares y cotidianas. Tomando como punto inicial del recorrido una de las estructuras de mayor tamaño que pueden encontrarse en nuestro Universo, se va a recorrer un camino descendente hacia el interior del núcleo atómico. A continuación se enumeran las dimensiones típicas de diversos objetos:

Galaxia	10^{22} m	10.000.000.000.000.000.000.000 m
Año luz	10^{16} m	10.000.000.000.000.000 m
Sistema solar	10^{14} m	100.000.000.000.000 m
Órbita de la Tierra	10^{11} m	100.000.000.000 m
Órbita de la Luna	10^{9} m	1.000.000.000 m
Tierra	10^{7} m	10.000.000 m
Distancia Madrid-Segovia	10^{5} m	100.000 m
1 kilómetro	10^{3} m	1.000 m
Un árbol	10^{1} m	10 m
Una mesa	10^{0} m	1 m
Un lápiz	10^{-1} m	0.1 m
Una mosca	10^{-2} m	0.01 m
Punta del lápiz	10^{-3} m	0.001 m
Célula humana	10^{-4} m	0.0001 m
Núcleo de la célula	10^{-6} m	0.000001 m
Cromosoma	10^{-8} m	0.00000001 m
ADN	10^{-9} m	0.000000001 m
Átomo de Hidrógeno	10^{-10} m	0.0000000001 m
Núcleo de Plomo	10^{-11} m	0.00000000001 m
Protón y Neutrón	10^{-15} m	0.000000000000001 m

Si se toma como ejemplo el átomo de hidrógeno, se puede observar cómo su núcleo (formado únicamente por un protón) es 100.000 veces más pequeño que el átomo, es decir, en realidad la materia está casi vacía.

Un elemento químico está caracterizado por el número de protones que tiene. Pero un mismo elemento químico puede tener distinto número de neutrones, estas especies se llaman isótopos. De este modo, por ejemplo, el núcleo de hidrógeno que generalmente sólo tiene un protón, puede además tener un neutrón (llamándose deuterio) o incluso dos (llamándose entonces tritio). Estos núcleos suelen representarse con su símbolo y un número que indica el número de nucleones que posee, es decir, su número másico o número de neutrones + protones. Así, para el caso del hidrógeno:

^{1}H: Hidrógeno ^{2}H: Deuterio ^{3}H: Tritio

Del mismo modo el elemento uranio, cuyo isótopo mayoritario en la naturaleza es el ^{238}U que tiene 92 protones y 146 neutrones, puede tener también otros isótopos como el ^{235}U con 92 protones y 143 neutrones o el ^{233}U con 92 protones y 141 neutrones.

1. 3.   Estabilidad de los núcleos y radiactividad

Un mismo elemento químico puede tener varios isótopos, sin embargo únicamente dos o tres de ellos, en general, son estables. El resto son inestables y se convierten en isótopos estables mediante varios procesos radiactivos. En la naturaleza existen aproximadamente unos 300 núcleos atómicos estables y, hasta el momento, se han podido originar en el laboratorio, de diversas formas, más de 2000 núcleos inestables.

La razón por la que unos núcleos son estables y otros no, es que hay combinaciones entre el número de neutrones y protones que son más estables que otras. Al estar formado por partículas positivas (protones) y neutras (neutrones), el resultado natural de juntar esas partículas en un espacio muy pequeño debería ser que las cargas positivas se repelen y el núcleo no es estable. Pero a muy pequeñas distancias, las partículas se atraen y por tanto la estabilidad de un núcleo depende mucho del balance de dos fuerzas: la repulsión entre cargas y la atracción a pequeñas distancias.

Los neutrones, al no estar cargados, contribuyen a que el núcleo sea más estable, siendo la mejor combinación para núcleos pequeños un neutrón por cada protón. Cuando los núcleos son muy grandes, la repulsión se hace muy importante y son necesarios más neutrones que protones para mantener el núcleo estable. Los núcleos inestables son aquellos que están alejados de esas combinaciones tan estables, y quieren ser a toda costa estables, por lo que desarrollan varias estrategias para conseguirlo, los llamados anteriormente procesos radiactivos.

Existen, básicamente, cuatro procesos radiactivos en la naturaleza: la desintegración alfa, la desintegración beta (negativa o positiva), la desintegración gamma y la fisión.

- Desintegración alfa: cuando a un núcleo le sobra mucha masa para ser estable, emite una partícula muy masiva formada por dos protones y dos neutrones, la partícula alfa.

- Desintegración beta negativa: cuando a un núcleo le sobra un neutrón y le falta un protón, uno de sus neutrones se transforma en un protón más un electrón y emite del núcleo a este último.

- Desintegración beta positiva: cuando a un núcleo le sobra un protón y le falta un neutrón, uno de sus protones se transforma en un neutrón más un positrón (un electrón con carga positiva) y expulsa del núcleo este último.

- Desintegración gamma: cuando un núcleo es estable en el número de partículas pero tiene mucha energía, simplemente expulsa radiación electromagnética (como la luz visible o las ondas de radio, pero de más energía normalmente).

- Fisión: cuando un núcleo es muy pesado y puede ser más estable si se divide en dos, lo hace liberando mucha energía y convirtiéndose en dos núcleos más estables que el inicial

En su proceso de desintegración natural, la radiactividad disminuye al aumentar el tiempo, es decir, su peligrosidad disminuye. Esta propiedad característica de cada radionucleido se cuantifica en el denominado periodo de semi-desintegración, tiempo necesario para que la mitad de los átomos de una sustancia radiactiva se desintegren, y la actividad de la misma se reduzca a la mitad de su valor inicial. Es un valor característico de cada isótopo, variando desde millonésimas de segundo hasta miles de años (ver Tabla 1).

Isótopo	Período de semi-desintegración ($T_{1/2}$)
^{238}U	4.470.000.000 años (natural)
^{235}U	704.000.000 años (natural)
^{239}U	23,5 minutos (artificial)
^{233}Th	22,2 minutos (artificial)

Tabla 1. Períodos de desintegración de algunos isótopos radiactivos

1. 4.   Fisión y fusión

La fisión y la fusión nuclear son dos procesos antagónicos que, sin embargo, tienen algo en común: ambos liberan grandes cantidades de energía susceptible de ser utilizable.

Fusión Nuclear

La fusión nuclear es un proceso mediante el cual dos núcleos atómicos ligeros se unen para formar un núcleo más pesado, con la particularidad de que su masa es inferior a la suma de las masas de los dos núcleos iniciales. Es decir, el núcleo final es más estable que los núcleos iniciales. Esto se cumple sólo para núcleos muy pequeños.

Según la ecuación que propuso Einstein la energía y la masa son equivalentes: $E=mc^2$. Por tanto, si el núcleo final tiene menos masa que los dos núcleos iniciales, ese defecto de masa se ha transformado en energía liberada, energía que se puede aprovechar del mismo modo que con la combustión de combustibles fósiles. La reacción que tiene lugar en un reactor de fusión se da entre dos isótopos del hidrógeno, el deuterio y el tritio, del siguiente modo:

$$\text{Deuterio } (^2H) + \text{Tritio } (^3H) \rightarrow {}^4He \ (3.5 \text{ MeV}) + n \ (14.1 \text{ MeV})$$

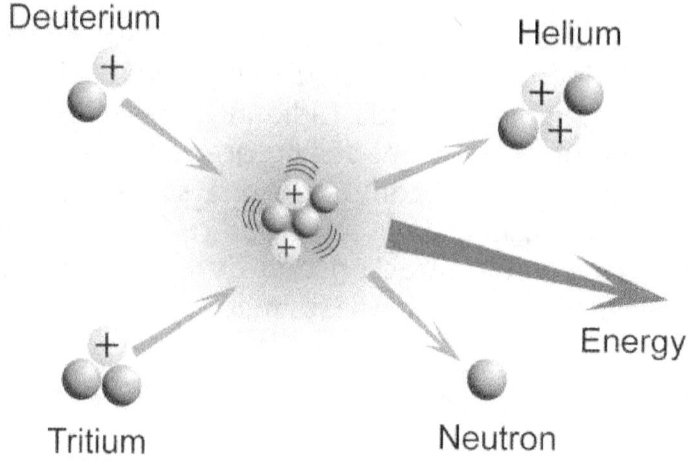

Figura 2. Esquema de una reacción de fusión

Ésta es la reacción más importante y relevante en el marco de este libro, ya que las centrales nucleares basan su funcionamiento en este tipo de reacciones. La fisión es un proceso nuclear mediante el cual un núcleo atómico pesado se divide en dos núcleos más pequeños, emitiendo además algunas partículas como neutrones, rayos gamma y otras especies como partículas alfa (núcleos de helio) y beta (electrones).

El núcleo pesado inicial tiene una masa superior a la suma de los dos núcleos en los que se divide. Por tanto, y al igual que ocurre en la fusión, ese exceso de masa se transforma en energía $E=mc^2$.

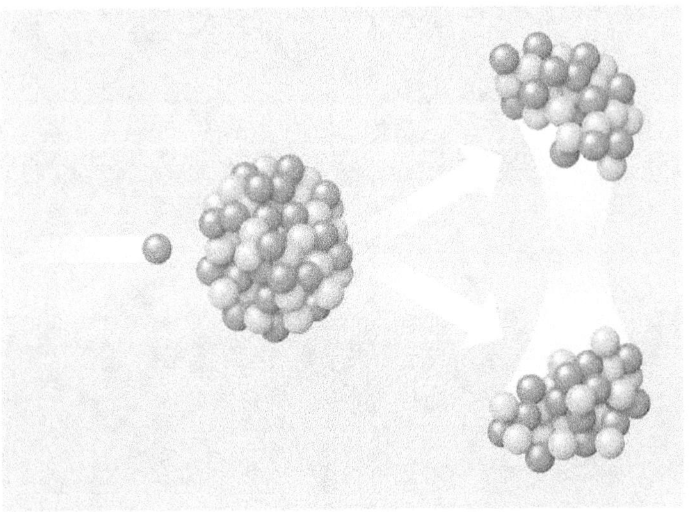

Figura 3. Esquema de una reacción de fisión

Aunque hay fisiones que se producen de forma espontánea, normalmente la forma en que se induce una reacción de fisión es la siguiente: se envía un neutrón con la velocidad (energía) adecuada contra un núcleo susceptible de ser fisionado (por ejemplo el isótopo del uranio ^{235}U), este isótopo captura al neutrón y se hace altamente inestable. Finalmente se divide en dos fragmentos emitiendo además varios neutrones, que poseen una energía muy alta (1 MeV).

No todos los núcleos pesados tienen la capacidad de ser fisionados por neutrones de cualquier energía, solamente algunos de ellos cumplen los requisitos necesarios. Ejemplos de estos núcleos son ^{233}U, ^{235}U o el ^{239}Pu.

Qué es y cómo se controla una reacción en cadena

Si en las inmediaciones del núcleo que ha fisionado hay otros núcleos susceptibles de ser fisionados, éstos pueden absorber los neutrones emitidos por la fisión del primer núcleo, a su vez emitirán nuevos neutrones que serán absorbidos por otros núcleos de ^{235}U y así sucesivamente, teniendo lugar una reacción en cadena, que es la clave para el funcionamiento de las centrales nucleares.

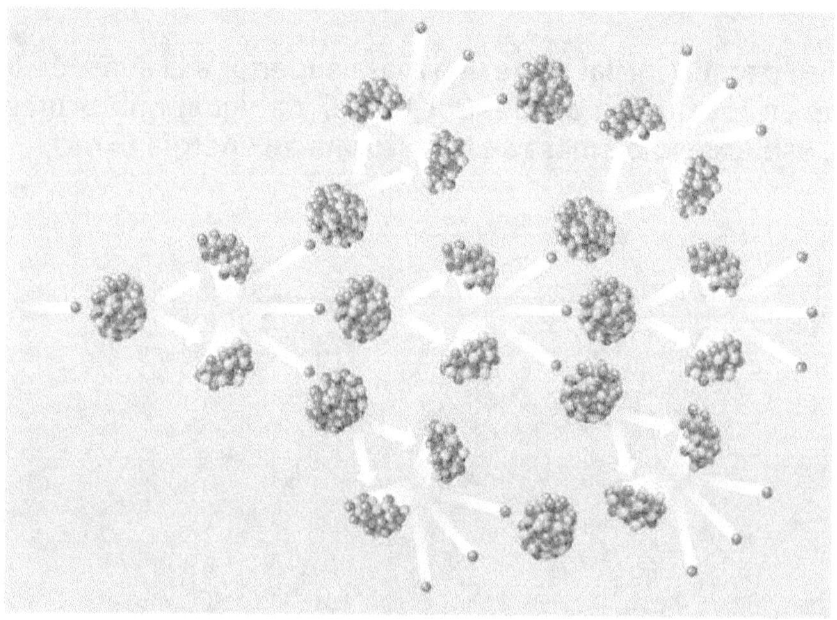

Figura 4. Esquema de una reacción de fisión en cadena

En un reactor nuclear, la reacción en cadena es autosostenida durante mucho tiempo, todo lo que dura el ciclo de operación entre las recargas de combustible (entre uno y dos años, actualmente). Por eso es una fuente continua de energía térmica gracias a los millones de fisiones nucleares que se producen a lo largo de ese periodo.

Espectro térmico y espectro rápido

La energía de los neutrones que se generan en la reacción de fisión es del orden de 1 MeV, por eso se llaman neutrones rápidos, por su alta energía. Sin embargo la energía del neutrón que con más probabilidad fisiona al núcleo de ^{235}U es de apenas 0,025 eV. Para conseguir reducir la energía hasta esos valores (8 órdenes de magnitud menor), se utiliza un moderador, que puede ser agua o grafito. Mediante choques entre los átomos del moderador y los neutrones se reduce la energía de los neutrones. A ese proceso se le llama termalización o moderación de los neutrones.

Los reactores que operan con espectro térmico y usan agua como refrigerante y moderador, cuentan con la seguridad intrínseca de que la reacción en cadena se detendrá si falta el agua en el reactor, ya que es el intermediario para reducir la energía del neutrón tal cual se genera en la fisión hasta la energía adecuada para que se produzcan las sucesivas fisiones en el ^{235}U.

Sin embargo, los neutrones de espectro rápido también tienen propiedades interesantes para mejorar el rendimiento del combustible nuclear. Esta alta energía media de los neutrones favorece reacciones nucleares que generan isótopos fisiles, en concreto, favorece la reacción:

$$^{238}U + n \rightarrow {}^{239}U \rightarrow {}^{239}Np \rightarrow {}^{239}Pu$$

Gracias a esta reacción se consigue aprovechar el potencial energético del ^{238}U, que no es fisil, convirtiéndolo en ^{239}Pu que sí es un núcleo físil y que generará energía a través de la fisión.

Calor residual. Decaimiento exponencial de la potencia

En el proceso de la fisión, los productos resultantes de la división del núcleo del ^{235}U son muy variados. Entre los muchos elementos producidos, hay unos que son altamente radiactivos durante muchos años y se van desintegrando lentamente liberando energía.

Es por ello que en un reactor nuclear, cuando se ha detenido la reacción en cadena, el combustible sigue produciendo calor durante muchos años, llamado calor residual, y es necesario que sea refrigerado continuamente. El calor residual decrece de forma exponencial, tal y como decrece la actividad de los elementos radiactivos que lo producen. Es decir, el combustible, después de terminar las reacciones de fisión, produce mucho calor a corto plazo, reduciéndose enormemente a largo plazo. Normalmente, el combustible gastado del reactor pasa cinco años en una piscina refrigerándose antes de poder ser almacenado en contenedores, debido a ese alto calor residual.

El átomo consta de un núcleo central que tiene más del 99% de la masa del mismo, rodeado por electrones que se mueven alrededor del núcleo. El núcleo de un átomo está formado por neutrones y protones, a estas dos partículas se les llama nucleones (por ser los que conforman el núcleo).

La energía y la masa son equivalentes, tal y como postuló Einstein en su ecuación $E=mc^2$. La fusión y la fisión son dos tipos de reacciones nucleares en las que se libera energía debido a que los núcleos resultantes de la reacción tienen menos masa que los núcleos iniciales. La diferencia de masa se transforma en energía.

En la fusión dos núcleos ligeros se juntan en uno de mayor masa, pero menor que la suma de los núcleos originales. En la fisión un núcleo pesado se divide en dos de menor masa. En la fisión se liberan, entre otras partículas, neutrones. Estos neutrones pueden, a su vez, fisionar nuevos núcleos y crear una reacción en cadena. La reacción en cadena es la base del funcionamiento de las centrales nucleares. El primer reactor nuclear fue construido por Fermi en 1942.

Los reactores térmicos necesitan moderar los neutrones rápidos procedentes de la fisión para poder sostener una reacción en cadena. Los reactores rápidos usan directamente esos neutrones rápidos para su funcionamiento, sin necesidad de frenarlos.

El calor residual se produce en el combustible una vez acabadas las fisiones, debido a la radioactividad de los productos de fisión y otros productos transuránidos, elementos más pesados que el uranio generados al absorber éste neutrones.

1. 6.   Bibliografía y recursos web

- Reactores Nucleares. J.M. Martínez-Val y M. Piera. Ediciones ETSII-UPM.

- Ingeniería de Reactores Nucleares. S. Glasstone. Editorial Reverté, 2007.

- De Becquerel a Oppenheimer. Historia de la energía nuclear. Mariano Mataix. Senda Editorial S.A., 1988.

- Introduction to Nuclear Power. G.F. Hewitt. Taylor & Francis, 2000.
- U.S. Nuclear Regulatory Comission (*www.nrc.gov*)
- Consejo de Seguridad Nuclear (*www.csn.es*)
- Foro de la Industria Nuclear Española (*www.foronuclear.org*)
- World Nuclear Association (*www.world-nuclear.org*)
- OCDE Nuclear Energy Agency (*www.oecd-nea.org*)
- International Atomic Energy Agency (*www.iaea.org*)
- International Comission on Radiological Protection (*www.icrp.org*)
- CAMECO (*www.cameco.com*)

2. Centrales nucleares

La energía es una de las fuerzas vitales de nuestra sociedad. Nuestro estilo de vida sería imposible sin energía. De ella dependen, entre otras cosas, la iluminación de interiores y exteriores, el calentamiento y refrigeración de nuestras casas, el transporte de personas y mercancías, la obtención de alimentos y su preparación, o el funcionamiento de las fábricas.

Hace poco más de un siglo las principales fuentes de energía eran la fuerza de los animales y la de los hombres (energía mecánica) y el calor obtenido al quemar madera (energía calorífica). El ingenio humano también había desarrollado algunas máquinas con las que aprovechaba la fuerza hidráulica para moler los cereales o preparar el hierro en las herrerías, o la fuerza del viento en los barcos de vela y los molinos de viento. Pero la gran revolución vino con la máquina de vapor.

Si bien James Watt no inventó la máquina de vapor, realizó, en la segunda mitad del siglo XVIII, una serie de mejoras tales que permitieron utilizarla en miles de aplicaciones, dando lugar a la Revolución Industrial.

A finales del siglo XIX comenzó a utilizarse la energía eléctrica, principalmente para la iluminación de las calles y las casas. Poco a poco fueron surgiendo gran número de aplicaciones que convirtieron a esta energía en el motor de una segunda revolución industrial.

James Watt da nombre a la unidad de potencia en el Sistema Internacional de Unidades: El vatio (en inglés: watt). Su símbolo es W. Está unidad también se utiliza para referirse a la potencia eléctrica. Un kilovatio (1kW), es decir, mil vatios 1000 W, equivale a 1,36 caballos de vapor (CV)

2.1. Centrales de producción de energía eléctrica

Nuestro planeta posee grandes cantidades de energía. Sin embargo, uno de los problemas más importantes es la forma de transformarla en energía útil y utilizable con el menor impacto ambiental posible.

La gran ventaja de la energía eléctrica frente a otros tipos de energía es que puede producirse de forma masiva y ser transportada fácilmente a fábricas y hogares.

Casi todas las centrales de producción eléctrica, con la excepción de las fotovoltaicas, tienen algo en común: la electricidad se produce haciendo girar una máquina llamada alternador o generador eléctrico. Lo que diferencia a unas centrales de otras es la forma en la que se hace girar este generador.

Parques Eólicos

La fuerza del viento hace girar unas aspas y estas, a su vez, el alternador que produce la electricidad.

Figura 5. Parque eólico

Centrales Hidroeléctricas

Aprovechan la fuerza de la gravedad. El agua de la presa impulsa en su caída una turbina que hace girar el alternador.

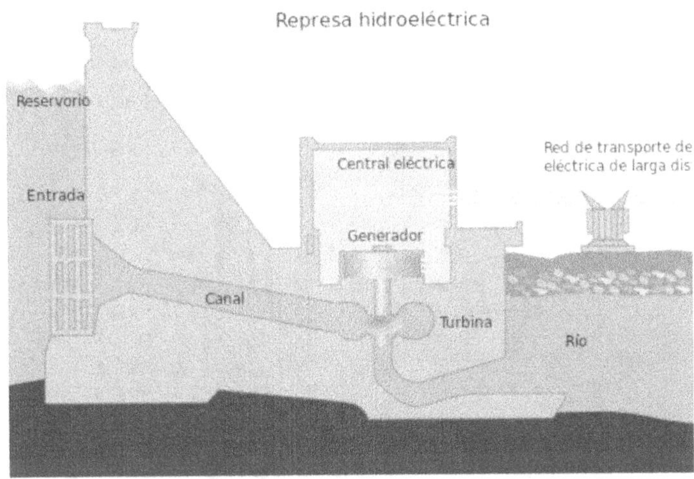

Figura 6. Central hidroeléctrica

Centrales Térmicas

Mediante la combustión de petróleo, gas o carbón en la caldera, o la radiación solar concentrada por espejos, se calienta agua, que a su vez genera vapor. Este vapor se dirige a la turbina para hacer girar el alternador.

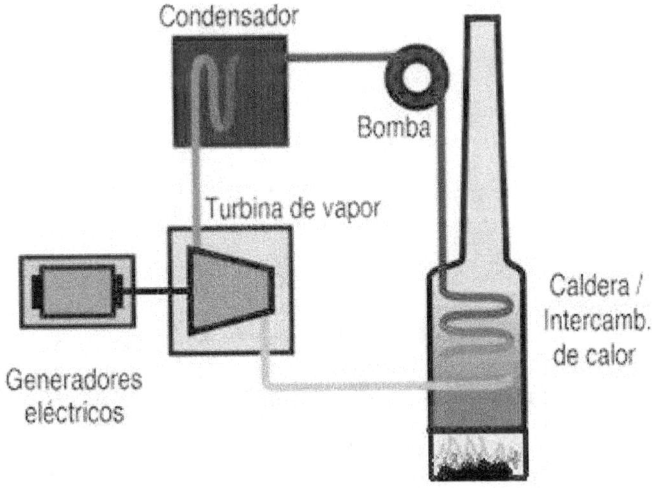

Figura 7. Esquema de una central térmica

Centrales de Ciclo Combinado

La combustión de gas hace girar una turbina. Los gases de escape de la turbina de gas, que están a alta temperatura, se usan para aportar calor a una caldera o generador de vapor. Este vapor se utiliza para mover una turbina de vapor.

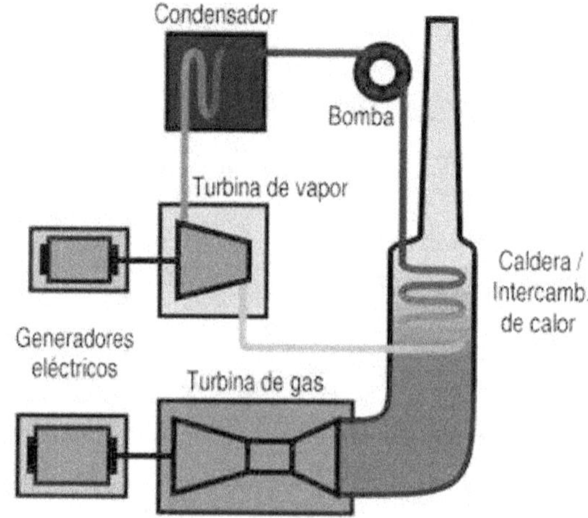

Figura 8. Esquema de una central de ciclo combinado

Centrales Nucleares

En las centrales nucleares se aprovecha el calor generado mediante la fisión de átomos, habitualmente de uranio, para generar el vapor que moverá la turbina.

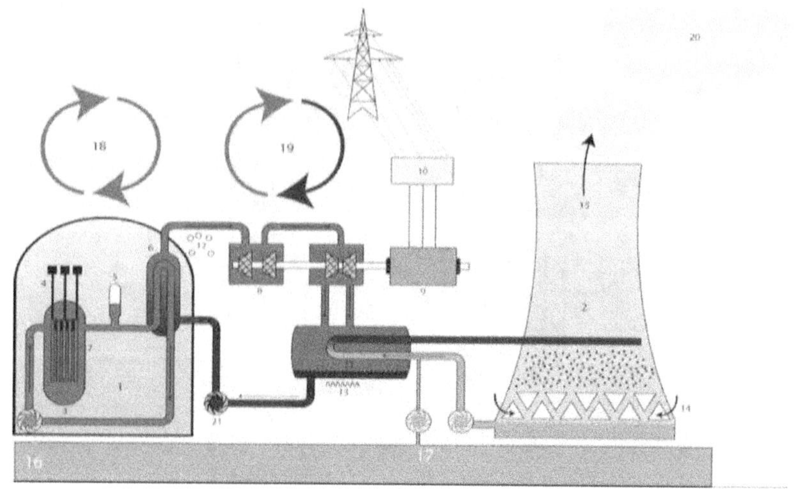

Figura 9. Esquema de una central nuclear

24

2. 2. Centrales nucleares: la fisión nuclear

La diferencia fundamental entre una central nuclear y el resto de centrales eléctricas, es la fuente para la generación de calor. Mientras que en las centrales térmicas, se usan combustibles fósiles (carbón, gas, petróleo), en las centrales nucleares se aprovecha la inmensa energía existente en los átomos. En la gran mayoría de las centrales nucleares se usa uranio como fuente de calor. Pero ¿cómo se obtiene esta energía calorífica de los átomos de uranio? En el núcleo de los átomos es donde se encuentra almacenada una gran cantidad de energía (de ahí viene el nombre de energía nuclear).

Para liberar y disponer de esta energía es preciso fragmentar (fisionar) el núcleo. Para ello, es necesario hacer chocar un neutrón (a la velocidad adecuada) contra un núcleo de un átomo (generalmente de uranio), de manera que el impacto provoque la fisión del átomo produciendo los siguientes elementos:

- Dos nuevos núcleos de átomos más pequeños, los productos de fisión.

- Dos o tres nuevos neutrones, que salen proyectados y que, al chocar con otros núcleos de uranio, los fisionan provocando lo que se denomina una reacción en cadena.

- Liberación de energía, gran parte de ella, en forma de calor.

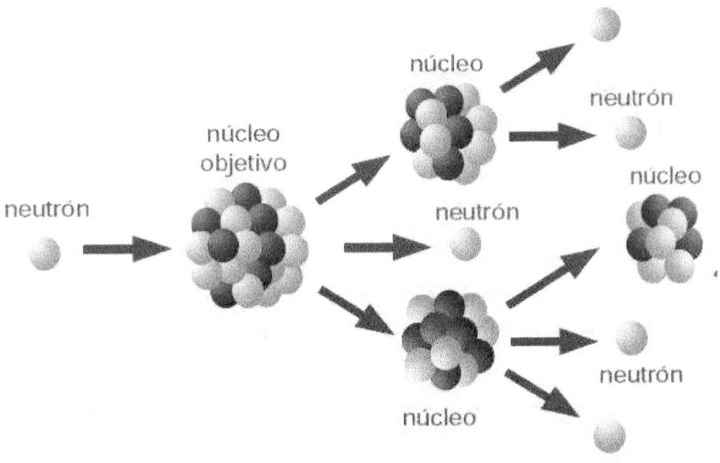

Figura 10. Esquema de la reacción de fisión nuclear

La suma de las masas de los productos de fisión es menor que la del núcleo antes de la fisión. El resto de la masa se ha transformado en energía, tal y como expresa la ecuación de Albert Einstein E=mc^2. La Figura 11 puede servir para hacerse una idea de la cantidad de energía contenida en los átomos de uranio.

Figura 11. Comparativa de diferentes fuentes de energía

2. 3. Tipos de centrales nucleares

Existen muchos diseños diferentes de centrales nucleares en el mundo, sin embargo, en España hay instalados únicamente dos tipos: Centrales de agua a presión (Pressurized Water Reactor o PWR) y Centrales de agua en ebullición (Boiling Water Reactor o BWR).

Centrales de Agua a Presión (PWR)

Las centrales PWR se caracterizan por tener tres circuitos diferenciados.

Circuito primario

En este circuito se encuentra el reactor. El calor obtenido mediante la fisión de los átomos de uranio calienta agua a unos 300 °C. Éste agua no llega a entrar en ebullición, sino que permanece en estado líquido gracias a que se encuentra bajo presión (de ahí el nombre de este tipo de centrales). El presionador es el componente que permite controlar la presión del circuito primario.

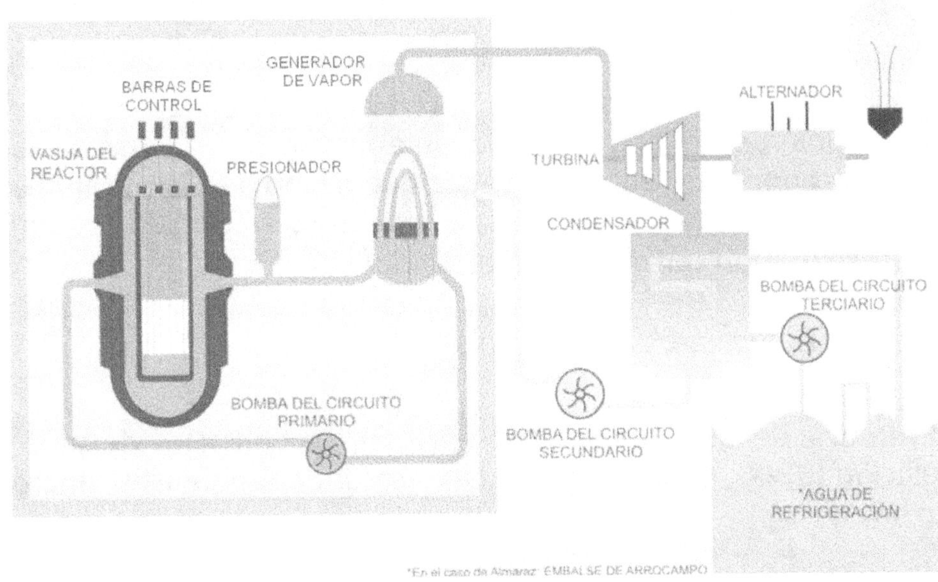

Figura 12. Esquema de funcionamiento de una central nuclear tipo PWR

El circuito primario es un circuito cerrado: el agua, que se calienta en el reactor, circula gracias al impulso de unas bombas, pasando por un generador de vapor, donde se enfría y vuelve al reactor. En la parte superior del reactor se sitúan las barras de control. Cuando se introducen las barras en el reactor se frena la reacción en cadena.

Circuito secundario

En este circuito se encuentran las turbinas que hacen girar el alternador (o generador eléctrico). El circuito secundario también es un circuito cerrado: El agua del circuito secundario entra al generador de vapor donde se calienta y se evapora, sin entrar en contacto con el agua del circuito primario. El vapor generado se envía a las turbinas donde la energía térmica del vapor se transforma en energía mecánica (giro de la turbina).

El alternador está conectado a la turbina mediante un eje, por lo que, al girar la turbina, también gira el alternador y de este modo se produce electricidad.

El vapor de agua que hace girar la turbina, se envía a un condensador, donde se enfría y se condensa. El agua condensada es enviada de nuevo al generador de vapor, empezando el ciclo de nuevo.

Este circuito, a diferencia de los anteriores, es abierto. El agua se toma de una fuente (el mar, un río, un embalse...), se bombea hacia el condensador (para enfriar el vapor que ha movido la turbina) y se devuelve a la fuente original o a la atmosfera (en forma de vapor de agua, si se utilizan torres de refrigeración).

Centrales de Agua en Ebullición (BWR)

A diferencia de las centrales tipo PWR, en las centrales de agua en ebullición (BWR), no existen tres circuitos independientes, sino que sólo hay dos.

El vapor de agua que mueve la turbina se genera directamente en la vasija del reactor, por lo que no es necesario un generador de vapor, tal y como puede observarse en la imagen a continuación:

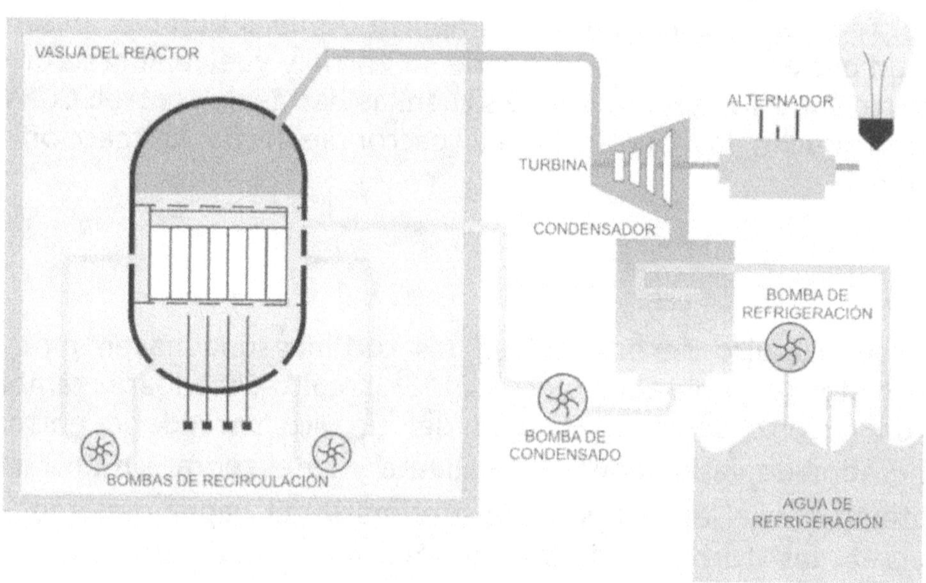

Figura 13. Esquema de funcionamiento de una central nuclear tipo BWR

Otra diferencia fundamental entre ambos tipos de tecnología es la parte de la vasija por la que se insertan las barras de control en los elementos combustibles. En las centrales tipo BWR se introducen las barras por la parte inferior de la vasija del reactor, mientras que en las centrales tipo PWR se hace por la parte superior.

A continuación se describe cada uno de los componentes principales de una central nuclear.

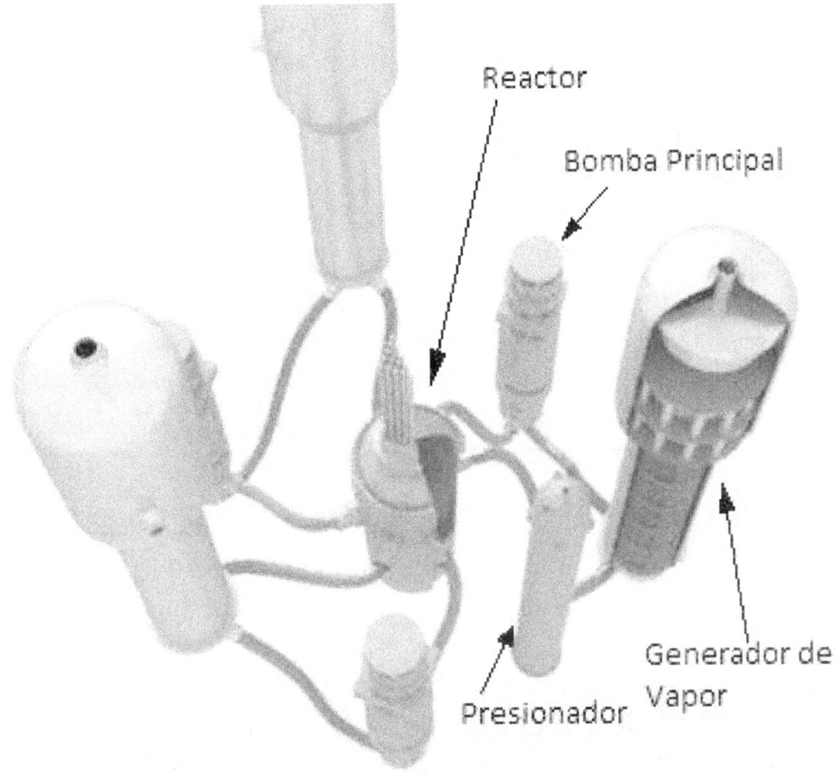

Figura 14. Circuito primario de tres lazos

La Vasija del Reactor

La vasija del reactor es el corazón de la central nuclear. En ella se alojan los elementos combustibles, en los cuales se produce la fisión de los núcleos atómicos.

Las paredes de la vasija del reactor, constituyen en conjunto con el resto del circuito primario, una barrera para las partículas radiactivas que provienen de las reacciones nucleares.

Los elementos combustibles están formados por múltiples varillas que contienen pastillas de dióxido de uranio. El agua de refrigeración fluye en sentido ascendente a través del elemento combustible, para extraer el calor generado por la reacción nuclear.

Entre las varillas de los elementos combustibles se alojan las barras de control, que están fabricadas de un material que absorbe neutrones.

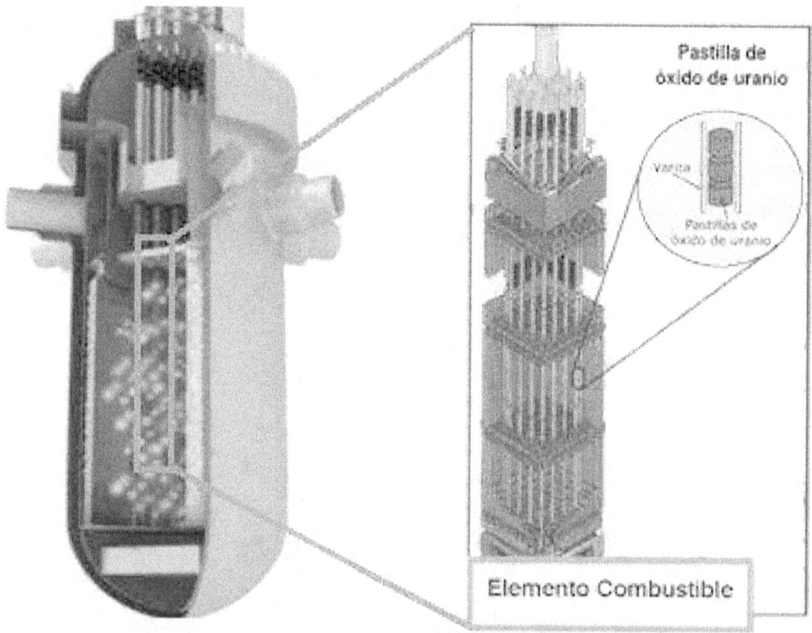

Figura 15. Vasija del reactor y elemento combustible

Introduciendo o extrayendo las barras de control en el interior de los elementos combustibles se puede controlar la reacción nuclear (al absorber neutrones, se evita que éstos fisionen otros núcleos atómicos, frenando de este modo la reacción en cadena).

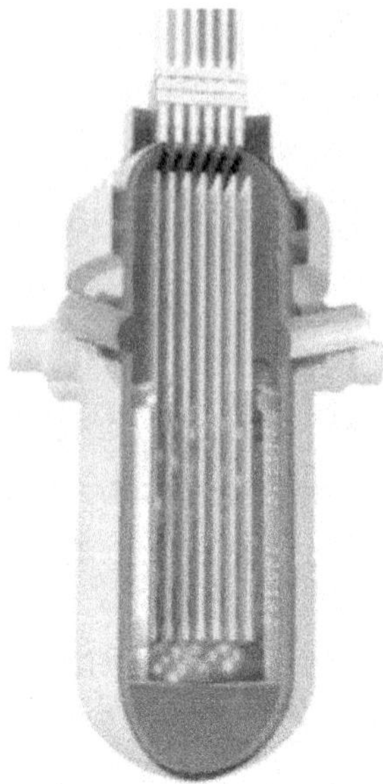

Figura 16. Barras de control introducidas dentro del reactor

El Presionador

El presionador sólo se utiliza en las centrales PWR. Es un elemento muy importante ya que se encarga de mantener constante la presión del circuito primario.

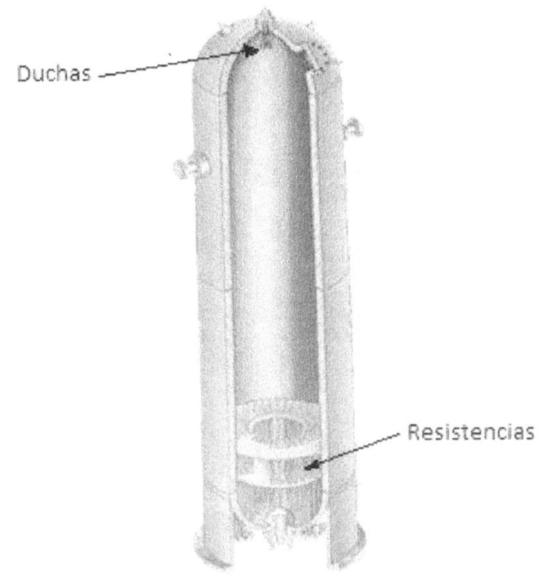

Figura 17. Presionador

La regulación de presión se realiza mediante el usos de unas resistencias, situadas en la parte inferior, y unas duchas en la parte superior, que permiten calentar o enfriar el contenido del presionador, de manera que aumente o disminuya la presión del mismo y en consecuencia del resto del circuito primario.

Los Generadores de Vapor

Son la frontera entre el circuito primario y el secundario, por lo que también se consideran parte del circuito secundario. Los generadores de vapor son intercambiadores de calor. El agua del primario (proveniente directamente del reactor) circula por el interior de un haz de tubos. El agua del circuito secundario, al entrar en contacto con el exterior del haz de tubos, se calienta y se evapora.

En la parte superior del generador de vapor hay unos equipos denominados separadores de humedad, que evitan que el vapor arrastre humedad que podría perjudicar a las turbinas.

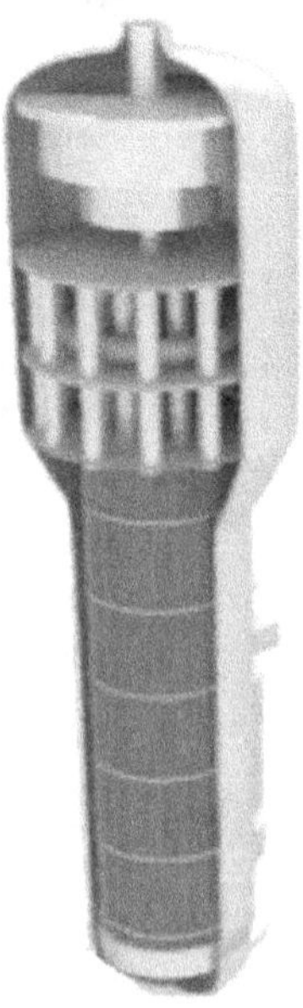

Figura 18. Generador de vapor

Las bombas del refrigerante del reactor

Figura 19. Bomba de refrigerante del reactor

Para poder transportar el agua del circuito primario desde los generadores de vapor a la vasija del reactor, es necesario el uso de unas bombas de gran potencia y tamaño, llamadas bombas de refrigerante del reactor.

Las turbinas

El vapor producido en los generadores de vapor se conduce hacia la turbina, donde la energía térmica contenida en el vapor se transforma en energía mecánica. La turbina tiene dos cuerpos, uno de alta presión y otro de baja presión.

El vapor procedente del generador de vapor entra en la turbina de alta presión. El vapor que sale de la turbina de alta presión se envía a los recalentadores donde se calienta de nuevo y se deshumifica para aumentar el rendimiento termodinámico de la planta y para evitar daños estructurales de las turbinas de baja presión.

Figura 20. Turbinas y alternador

El generador eléctrico o alternador

El alternador o generador eléctrico está conectado a la turbina mediante un eje que le transmite el giro de ésta última. En el alternador se transforma la energía mecánica (giro) en energía eléctrica que se transporta mediante líneas de alta tensión a la red de distribución.

El condensador

El vapor de baja energía que sale de las turbinas de baja presión se conduce al condensador, donde se enfría y se condensa gracias al agua fría proveniente del circuito terciario. El agua condensada vuelve a los generadores de vapor, previo calentamiento, transportada por equipos de bombeo.

Las torres de refrigeración

El agua de circulación pertenece a un circuito abierto, es decir el agua se toma de una fuente (el mar, un río, un embalse), refrigera el condensador y vuelve a mayor temperatura a la fuente inicial. Para que no haya un cambio brusco de temperatura de la fuente, y pueda influir en el ecosistema, se vigila de forma precisa la temperatura de agua de retorno.

En el circuito terciario suelen utilizarse torres de refrigeración (esas enormes estructuras hiperbólicas que aparecen frecuentemente en los medios de comunicación). Como su propio nombre indica, estas torres sirven para refrigerar, y lo único que sale por ellas es vapor de agua (las torres de refrigeración no son más que fábricas de nubes).

Figura 21. Torres de refrigeración

2. 5. Centrales nucleares en España

En España existen actualmente ocho reactores nucleares en funcionamiento: *Almaraz I y II, Ascó I y II, Cofrentes, Santa María de*

Garoña[1], *Trillo I* y *Vandellós II*. La central de *José Cabrera*, más conocida como *Zorita*, y la central *Vandellós I* se encuentran en proceso de desmantelamiento.

Entre todas las centrales nucleares españolas se produce una potencia de más de 7.700 MW, que cubre, aproximadamente, un 20% de las necesidades del país.

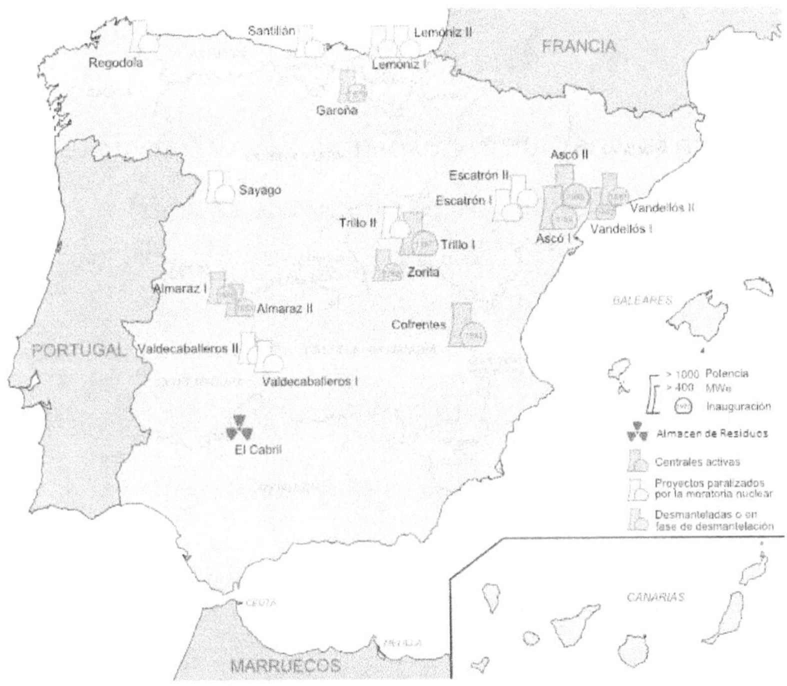

Figura 22. Mapa de instalaciones nucleares

Existen, además, otras instalaciones nucleares: una fábrica de combustible nuclear en Juzbado (Salamanca), y un centro de almacenamiento de residuos radiactivos de baja y media actividad en El Cabril (Córdoba).

2. 6. Conclusiones

La gran mayoría de las centrales utilizan uranio como combustible para obtener calor. Para producir el calor, los neutrones provocan

---

[1] A fecha de edición de este libro, la central de Garoña se encuentra con todo el combustible descargado en su piscina, a la espera de posibles cambios normativos que permitan la continuación de su operación.

que se rompan los núcleos de uranio (fisión), liberando gran cantidad de energía. El calor generado se utiliza para calentar agua y producir vapor. El vapor se convierte en energía mecánica en las turbinas y ésta se transforma finalmente en electricidad en el alternador. En España existen dos tipos de centrales nucleares: las de agua presurizada (PWR) y las de agua en ebullición (BWR).

2.7. Bibliografía y recursos web

- Foro de la Industria Nuclear Española (*www.foronuclear.org*)

- Centrales Nucleares Almaraz-Trillo (*www.cnat.es*)

- Westinghouse (*www.westinghousenuclear.com*)

3. Combustible nuclear

Como ya se ha visto en capítulos anteriores, la fuente de energía de un reactor nuclear es el uranio que por medio de reacciones de fisión emite gran cantidad de energía. Pero el uranio no es el único elemento que puede utilizarse como combustible en el reactor. El plutonio o el torio también son utilizables en determinados reactores, como se discutirá más adelante.

La configuración concreta en que el uranio se utiliza en el reactor es muy distinta al estado en que se encuentra en la naturaleza. Por eso se llama ciclo de combustible nuclear al proceso que comienza con la extracción y preparación del uranio para su posterior uso como combustible en el reactor. El tratamiento del combustible una vez que ya ha acabado su labor de generación de energía también se incluye en este ciclo. En general, el ciclo de combustible se divide en tres fases: Pre-reactor, reactor y post-reactor.

3.1. Fase Pre-reactor

En la primera fase se extrae el uranio de las minas, se hace un tratamiento del mismo, se enriquece el uranio natural y por último se fabrica el elemento combustible que será utilizado directamente en el reactor. Al final del capítulo se verá el procedimiento asociado al plutonio y al torio.

Figura 23. Una mina a cielo abierto para extraer metales

El método de extracción de la mina depende del tipo de yacimiento en que se trabaje. Los métodos de minería convencional, como la minería de cielo abierto y la minería subterránea, son similares a los de extracción de otros metales. En la minería a cielo abierto, los minerales se encuentran en la superficie o a poca profundidad, por lo que resulta rentable hacer la extracción a cielo abierto. Por el contrario en la minería subterránea el mineral está depositado en capas más profundas y sólo se puede acceder a él a través de pozos y galerías.

Figura 24. Túnel de una mina subterránea

Existe otro método de extracción no convencional llamado In-Situ-Leaching (ISL). En este proceso se inyecta un disolvente en el terreno que lixivia el uranio, es decir que logra su disolución para ser arrastrado a la superficie, lo cual permite extraer el uranio sin necesidad de hacer movimientos de tierras.

Figura 25. Una mina utilizando el método de ISL

Estos tres métodos de minería son los métodos más extendidos, cubriendo más del 90% de la extracción de uranio. Existen otros métodos menos comunes que recuperan el uranio que se encuentra en la naturaleza en otras formas que no son las habituales, como puede ser el uranio diluido en el agua del mar.

La decisión final sobre el empleo de un método u otro depende de los recursos disponibles y de la rentabilidad de la extracción.

Una vez que el uranio es extraído se procesa en las fábricas para retirar las impurezas y lograr un tamaño uniforme de partícula para hacerlo accesible a los procesos químicos que dan lugar a una solución de uranio. De este proceso se obtiene un polvo seco de uranio natural, conocido como *yellow cake* (U_3O_8).

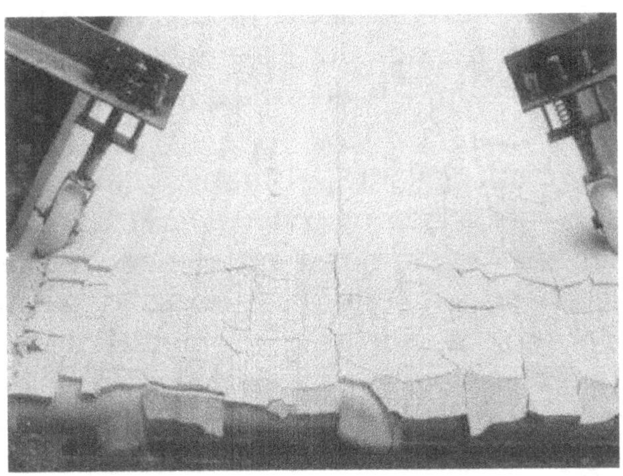

Figura 26. Óxido de uranio, el yellow cake

Después este polvo de óxido de uranio se convierte en hexafluoruro de uranio, UF_6, en estado gaseoso que es conveniente para el siguiente paso de enriquecimiento del isótopo ^{235}U.

El gas UF_6 con isotopía de uranio natural 0,7% de ^{235}U y 99,3% ^{238}U, es enriquecido con el isótopo fisionable ^{235}U hasta lograr una mayor concentración de ^{235}U. En función del tipo de reactor al que finalmente sea destinado el uranio, este enriquecimiento será mayor o menor, pero en general se encuentra entre el 1% y el 4,5%.

Existen varios métodos para llevar a cabo la fase de enriquecimiento, siendo los más habituales el método de difusión y el de centrifugación. En la difusión se utiliza una membrana porosa a través de la cual el uranio se difunde. Como la velocidad de difusión de los dos isótopos del uranio (^{235}U y ^{238}U) es diferente, se produce un gradiente de concentración que permite separar un isótopo del otro obteniendo una parte enriquecida, con alta concentración de ^{235}U, y otra parte empobrecida con menor proporción de ^{235}U, lo que se conoce como "la cola de enriquecimiento". Este método requiere un alto consumo de energía eléctrica y está siendo sustituido por la centrifugación.

El método de centrifugación aprovecha la pequeña diferencia de masa entre los isótopos ^{235}U y ^{238}U para someter al gas UF_6 a un centrifugado y conseguir que el isótopo ligero, ^{235}U, se concentre en la parte central y el isótopo pesado, ^{238}U, en la periferia. Estableciendo una cascada con varias unidades de centrifugación consecutivas, es posible enriquecer el uranio natural con 0,711% ^{235}U hasta valores del 5% de ^{235}U. Este método tiene la ventaja de requerir un menor consumo de energía que el método de difusión.

Tras la fase de enriquecimiento, el uranio vuelve a convertirse en estado sólido, en forma de polvo de UO_2. El UO_2 se compacta en pastillas y se sinteriza en hornos a aproximadamente 1700 °C para lograr las características metalúrgicas necesarias para asegurar su integridad durante su etapa de irradiación en el reactor. Después de este proceso de fabricación las pastillas tienen unas dimensiones de aproximadamente 1 cm de diámetro y 1 cm de altura, ver Figura 27.

Figura 27. Pastillas de óxido de uranio

En el reactor las pastillas están apiladas dentro de vainas que las mantienen herméticamente aisladas del exterior en condiciones adecuadas para que la integridad del combustible esté asegurada. Estas vainas harán la labor de confinamiento del combustible y de los productos de fisión para evitar que el refrigerante se contamine. Para ello la barra de combustible, consistente en las pastillas cilíndricas de uranio apiladas y envueltas por una vaina o tubo, está sellada por su parte superior e inferior con respectivos tapones que aseguran su hermeticidad. Esta barra cerrada está presurizada con helio a una presión mayor que la atmosférica.

Pero no toda la barra está rellena de pastillas, sino que hay un hueco en la parte superior o plenum, especialmente concebido para almacenar los productos de fisión gaseosos que se producen durante la operación del combustible en el reactor. En este plenum se aloja un muelle que comprime las pastillas hacia abajo para mantener la columna combustible sin movimiento durante el transporte y manejo del elemento combustible (Figura 28). En total una barra de combustible puede llegar a medir 4 metros.

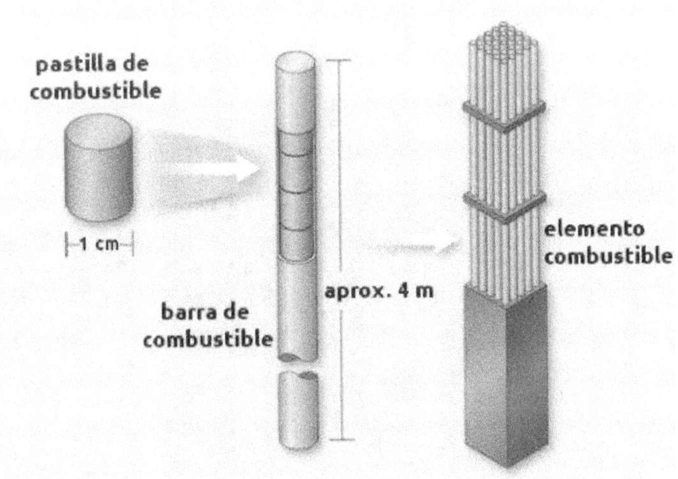

Figura 28. Pastilla, barra y elemento combustible de un reactor de agua ligera

A través de la superficie de las barras de combustible se produce la transferencia del calor generado en la pastilla hacia el refrigerante. El refrigerante al circular verticalmente por el reactor extrae el calor de todas las barras de combustible.

Un elemento combustible es un conjunto de barras combustibles agrupadas homogéneamente en matrices cuadradas o hexagonales.

Como la altura total de las barras puede alcanzar 4 m, es necesario un soporte que mantenga la estructura vertical de todas las barras. Para ello se colocan a distintas alturas unos dispositivos espaciadores, las rejillas. Están formadas por unas bandas metálicas entrelazadas que configuran una matriz de celdas cuadradas. Cada celda es atravesada por una barra combustible, estableciéndose y manteniéndose a lo largo de todo el combustible la distancia entre ellas. Proporcionan soporte lateral y vertical a las barras combustibles, fijando su posición en el elemento. Además las rejillas incrementan la turbulencia en el refrigerante, aumentando así la refrigeración.

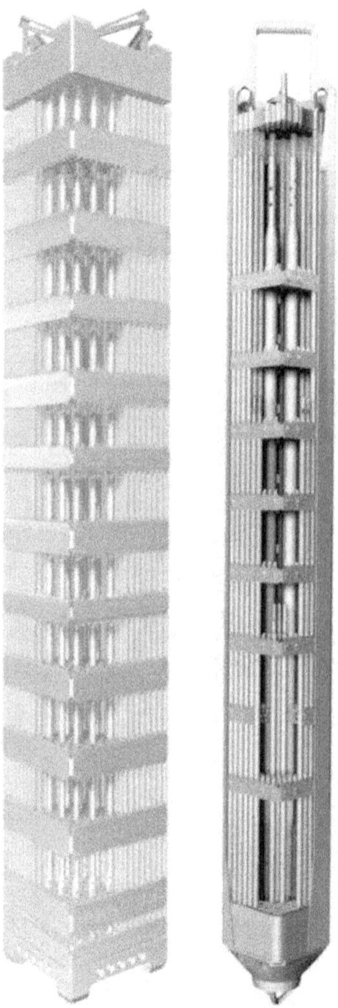

Figura 29. Elemento combustible de un reactor PWR (izquierda) y de un BWR (derecha)

Entre las barras de combustible se sitúan los tubos guía (sólo en reactores PWR), que son los conductos por los que se insertan las barras de control en los reactores PWR. En el centro del combustible existe también el tubo de instrumentación por donde se inserta la instrumentación intra-nuclear que sirve para medir la temperatura del refrigerante, la potencia térmica y la población neutrónica para poder hacer el seguimiento del estado del reactor.

En la parte central de la matriz del elemento BWR se sitúan dos barras de agua, dos tubos huecos que favorecen el paso de agua a través de ellos y fomentan así la refrigeración de las barras combustibles situadas en el centro del elemento combustible. En la Figura 30 se muestra una barra de agua.

Figura 30. Una barra de agua

Los últimos componentes del elemento combustible son los cabezales. Cada elemento posee un cabezal superior y uno inferior. El cabezal superior conforma el combustible en su extremo superior. Consiste básicamente en una placa de acero inoxidable con orificios donde van alojadas las barras combustibles (en el caso del PWR, los tubos guía). El cabezal inferior distribuye el caudal del refrigerante entre las barras combustibles. Los cabezales tienen capacidad estructural para soportar las cargas estáticas (peso) y dinámicas (fuerzas hidráulicas, aceleraciones durante transporte y manejo) y después transmitirlas a las placas del núcleo. Además gracias a ellas se fija la posición de los tubos guía (PWR) y de las barras de agua y barras combustibles (BWR). Igualmente, los cabezales mantienen los elementos combustibles debidamente colocados dentro del núcleo. A través de los cabezales pasa el caudal de agua que debe estar convenientemente distribuido para proporcionar la debida refrigeración.

Todos los materiales que componen el elemento combustible son resistentes a las condiciones de operación agresivas de temperatura, agentes químicos y radiación que se producen en el reactor, así como a la carga mecánica a la que se ve sometido (su propio peso o posibles aceleraciones durante transporte y manejo del elemento).

La distribución y localización de los elementos combustible en el reactor es muy importante para satisfacer los requisitos neutrónicos, termo-hidráulicos y de seguridad.

En España, ENUSA es la empresa dedicada a la fabricación de elementos combustibles. En la planta de fabricación de combustible en Juzbado (Salamanca) se realiza todo el proceso se fabricación de la pastilla a partir del polvo de UO_2 hasta el ensamblaje final del elemento con todos sus componentes.

3. 2. Fase Reactor

Una vez fabricado el elemento combustible, éste es enviado a la central nuclear para su inserción en el núcleo del reactor. El núcleo del reactor está conformado por 100-900 elementos combustibles (dependiendo del tipo y potencia de reactor) dispuestos en una malla rectangular con forma circular. Actualmente, los ciclos de residencia de los elementos combustibles o tiempo entre recargas están comprendidos entre 12-24 meses. Durante ese tiempo el reactor está funcionando ininterrumpidamente generando reacciones de fisión que van consumiendo poco a poco el isótopo físil del combustible, el [235]U.

Figura 31. Vasija abierta con el núcleo sumergido con agua para hacer la recarga de combustible

La recarga consiste en sustituir elementos gastados donde el ^{235}U se ha consumido por elementos nuevos que tienen mayor cantidad de ^{235}U. En cada recarga se cambian sólo entre 1/4 y 1/3 de los elementos combustible totales del reactor. El resto de elementos combustible todavía tienen contenido suficiente de uranio para seguir funcionando.

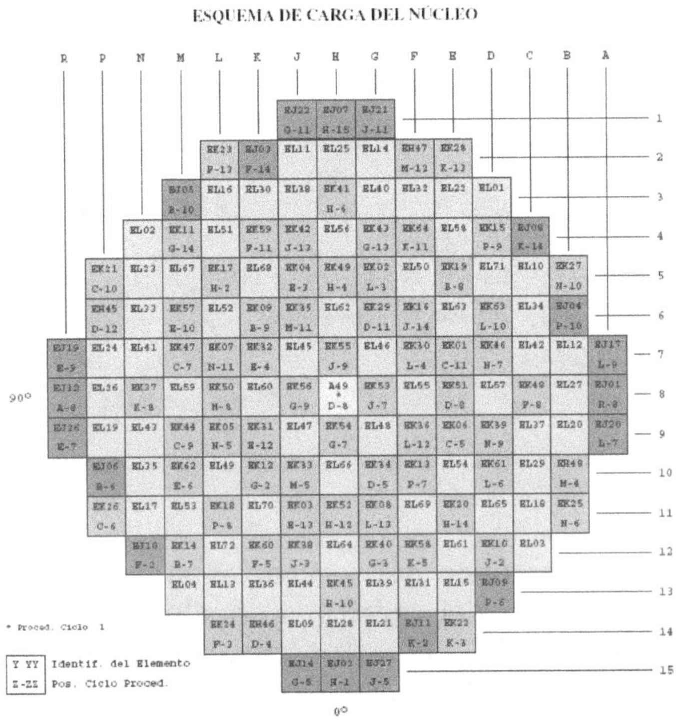

Figura 32. Ejemplo de un esquema de recarga de un núcleo

En esta fase, es importante la llamada "gestión del combustible": las posiciones que ocupan los elementos combustibles dentro del reactor, el enriquecimiento o porcentaje de ^{235}U del elemento combustible, así como el tiempo de residencia (que se traduce en el uso o quemado del combustible) son factores determinantes a la hora de determinar la "recarga óptima", con la que se obtiene la mayor energía del uranio. Durante la irradiación se produce un cambio paulatino de la composición isotópica del combustible por irradiación (ver Figura 33) debido a la disminución del ^{235}U para producir el calor y a la generación de productos de fisión (FP) como consecuencia de las reacciones de fisión. Además se generan nuevos elementos e isótopos fisibles (^{239}Pu) por medio de reacciones de captura de neutrones por el ^{238}U. Algunos de estos actínidos generados pueden ser absorbentes neutrónicos. Todas estas reacciones llevan a un cambio estructural dentro de la pastilla de combustible que también afecta a la vaina y al resto de componentes.

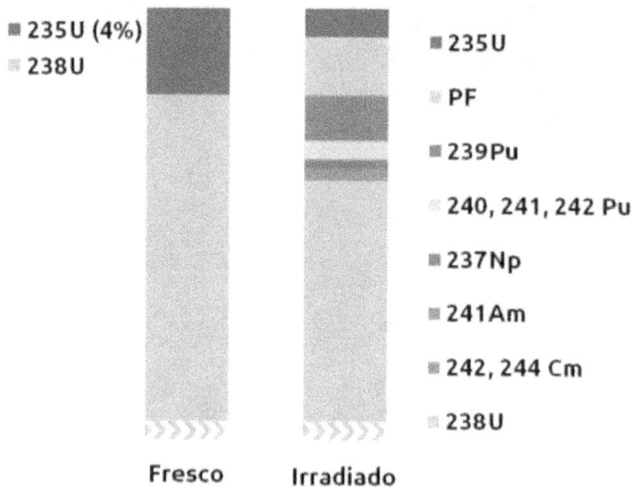

Figura 33. Contenido del combustible antes y después de la irradiación

3. 3.   Fase Post-reactor

El combustible descargado del reactor es almacenado bien en el propio emplazamiento del reactor, normalmente en una piscina dentro o aneja al edificio del reactor (almacenamiento en piscina), o bien, en un emplazamiento común fuera del reactor (almacenamiento en seco).

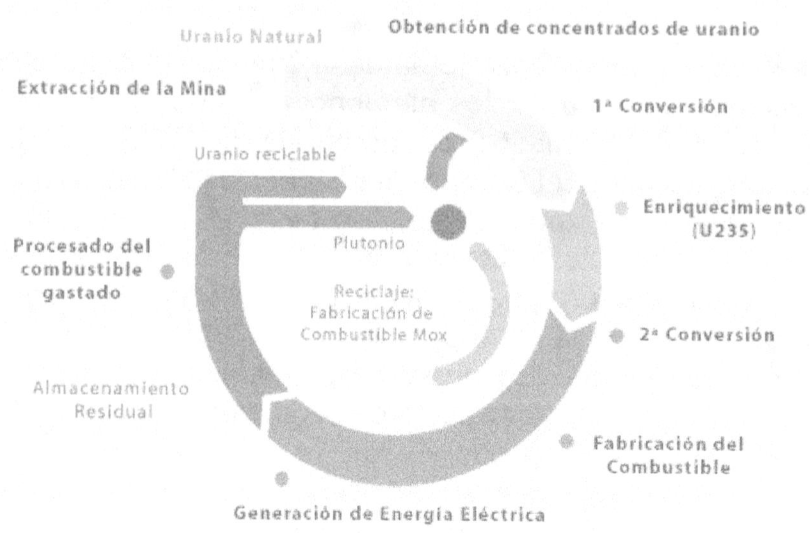

Figura 34. Ciclo del combustible nuclear

En función de la gestión que se lleve a cabo del combustible usado, se trata de un ciclo cerrado o abierto. En la Figura 34 se detallan estas fases que se abordarán con mayor nivel de detalle en el capítulo 6.

3. 4. Reservas de combustible y alternativas de futuro

De acuerdo con la edición del "Red Book" de 2007 publicado conjuntamente por la Nuclear Agency de la OCDE y la Agencia Internacional de Energía Atómica de la ONU, IAEA, las reservas de uranio conocidas explotables a un coste inferior a los 130$/kg son de 5,4 millones de toneladas. Teniendo en cuenta que las necesidades de los reactores comerciales instalados en el mundo ascienden a 66.500 tU, estas reservas serían suficiente para abastecer al parque nuclear actual durante aproximadamente 82 años. Si se tienen en cuenta aquellas reservas no suficientemente cuantificadas, se tendría que añadir una cantidad del orden de 10 millones de toneladas adicionales, lo que representa 150 años más de suministro al ritmo de consumo actual. Estas reservas no incluyen el uranio que podría obtenerse de la explotación de los depósitos de fosfatos (22 millones de toneladas) ni el uranio contenido en el agua del mar (4 billones de toneladas).

La mayoría de las CCNN del mundo utilizan como combustible óxido de uranio, sin embargo, hay otros tipos de combustibles que están en uso o está previsto utilizarlos en el futuro, como el combustible MOX, el óxido de uranio natural o el óxido de torio.

Combustible MOX (Mixed OXide)

Hoy en día hay reactores PWR y BWR que utilizan combustible MOX procedente del reprocesado. Este tipo de combustible está compuesto por una mezcla de óxido de uranio y de plutonio proveniente de combustible irradiado o de antiguos arsenales de la guerra fría de EEUU y de la antigua Unión Soviética dentro del programa "Megatons to Megawatts".

Al utilizar combustible MOX se elimina parte del plutonio del combustible irradiado, reduciendo el problema de su almacenamiento y contribuyendo a la no proliferación. Existen plantas de reprocesado para producir combustible MOX en Inglaterra, Francia, India, Japón y Rusia y existen planes de construcción de nuevas plantas de reprocesado en China y en EEUU. El combustible MOX se usa en centrales nucleares en Bélgica (donde desarrollaron la tecnología MOX), Francia, Japón y Suiza.

Uranio natural en reactores con agua pesada D_2O, el HWR (Heavy Water Reactor)

Este tipo de reactor utiliza agua pesada D_2O (el hidrógeno está en forma de deuterio) como moderador. Una característica del agua pesada es que absorbe menos neutrones que el agua ligera H_2O. Por ese motivo hay más neutrones disponibles para generar fisiones que en los reactores de agua ligera y el combustible no necesita tener tanta proporción del isotopo físil ^{235}U. Existen dos tipos de reactores de estas características:

- CANDU (Canada Deuterium Uranium). Hay reactores de este tipo en operación o en construcción en Canadá, Argentina, China, Corea del Sur, India, Pakistán y Rumania, estando en desarrollo una nueva generación, el ACR (Advanced CANDU Reactor).

- PHWR (Pressurized Heavy Water Reactor): Existen reactores de este tipo en India y en Argentina. Es similar a un reactor PWR utilizando en el primer lazo D_2O como refrigerante y uranio natural (únicamente 0,7% ^{235}U y 99,3% de ^{238}U) como combustible.

La ventaja del HWR es que no precisa enriquecer el uranio, por lo que se evita la fase de enriquecimiento en la fabricación de la pastilla. Sin embargo, la desventaja es debida al elevado coste del D_2O.

Una característica del reactor CANDU es la capacidad que tiene de producir plutonio con alta concentración en ^{239}Pu y bajas concentraciones de otros isótopos de Pu, que podría favorecer su utilización para armas nucleares.

Ciclo de combustible de torio

El torio (Th) es entre 2 y 4 veces más abundante que el uranio en la corteza terrestre. Si además se tiene en cuenta la fertilidad del ^{232}Th para producir ^{233}U (otro isótopo físil del uranio), sería posible desarrollar una nueva tecnología basada en un ciclo de combustible del torio. El proceso sería el siguiente:

1.   Reproducir ^{233}U físil a partir del ^{232}Th en un reactor utilizando combustible con ^{235}U y/o ^{239}Pu.

2.   Reprocesar el combustible para extraer ^{233}U y producir combustible con ^{233}U.

3.   El uso del ^{233}U como combustible produce mucha menos cantidad de transuránidos, disminuyendo la radioactividad del residuo y, además, al no producirse nuevos isótopos físiles, se evita la posibilidad de desviar material para otros usos, como armas nucleares.

Las ventajas del ciclo con torio son que no necesita ser enriquecido, pues sólo se encuentra en la naturaleza de forma monoisotópica (^{232}Th), que es más abundante que el uranio en la corteza terrestre y que al utilizar torio como combustible no se producen nuevos materiales físiles. También hay que añadir que la alta radiación gamma asociada al ^{232}U no fisible y su difícil separación del isótopo ^{233}U, suponen una barrera para la utilización de material para otros usos no eléctricos.

Pero también tiene algunas desventajas. Por ejemplo en la primera fase hay que utilizar ^{235}U o ^{239}Pu para establecer criticidad y reproducción del ^{233}U. El torio por sí solo no sería suficiente para iniciar la reacción en cadena. Además la vida media del ^{233}Pa, isótopo padre del ^{233}U, es más elevada (27 días) que la del ^{239}Np (2.3 días). Se produce a partir del ^{232}Th $+ n \Rightarrow {}^{233}$Pa y se desintegra en ^{233}U. Debido a la elevada radioactividad del ^{232}U el manejo del combustible requiere fuertes medidas de seguridad.

Han existido prototipos de este tipo de reactores (Dragon en Inglaterra, AVR y THTR en Alemania, MSRE y Fort St. Vain en EEUU) basados en el ciclo de torio. En la actualidad, países con extensos recursos de torio (como India y China) están desarrollando plantas basadas en el ciclo de Th, que se espera poner en operación a finales de esta década.

3. 5. Conclusiones

El ciclo de combustible nuclear comprende las fases de minería, extracción, enriquecimiento del uranio, la fabricación del combustible nuclear, su uso en el reactor y su gestión como combustible gastado, que se trata en el capítulo 6.

Los elementos combustibles son haces de barras de pastillas cerámicas de uranio apiladas que se agrupan con distinto diseño, debido a las diferencias entre los reactores PWR y BWR.

Los componentes estructurales principales de un elemento son los cabezales, superior e inferior, las rejillas, los tubos guía y las barras de combustible. Las funciones de estos componentes son dar integridad estructural y permitir y favorecer el paso del refrigerante para transferirle la energía producida.

Las reservas de uranio seguirán aumentando como resultado de los nuevos esfuerzos de exploración, además están en desarrollo nuevas tecnologías que permitirán la mayor utilización del combustible. Por lo tanto, los suministros de uranio serán adecuados para abastecer el suministro de las centrales nucleares.

3. 6. Bibliografía y recursos web

- World Nuclear Association WNA, (*www.world-nuclear.org*)

- International Atomic Energy Agency IAEA (*www.iaea.org*)

- IAEA-Redbook: Uranium 2007: Resources, Production and Demand. OECD Nuclear Energy Agency and the International Atomic Energy Agency. NEA No. 6345.

- OECD Nuclear Energy Agency (OECD-NEA) (*www.oecd-nea.org*)

- Consejo de Seguridad Nuclear (*www.csn.es*)

- Foro de la Industria Nuclear Española (*www.foronuclear.org*)

- Foro Nuclear Suiza, (*www.nuklearforum.ch*)

- Ciclo del combustible nuclear. Gestión del combustible irradiado. I.L Rybalchenko y J.P. Colton.

- Klaus Heinloth: "Die Energiefrage: Bedarf und Poternziale, Nutzung, Risiken und Kosten", 2ª Edición VIEWEG Verlag, ISBN: 3-528-13106-3

- J. Lang: "Kernspaltung und Fusion", Lecture notes ETH Zurich 2001.

- Ciclo del combustible nuclear. Gestión del combustible irradiado. I.L Rybalchenko y J.P.Colton, OIEA BOLETIN, VOL 23 nº2.

- El aprovisionamiento de uranio. ¿Hay suficiente uranio? F. Tarín. Nuclear España Marzo 2009.

- CAMECO (*www.cameco.com*)

4.   Seguridad nuclear

El pilar en torno al cual se desarrolla la actividad nuclear es la explotación segura de sus instalaciones. Esto quiere decir que en todas las fases (diseño, construcción, operación y desmantelamiento de la central nuclear) la seguridad debe prevalecer sobre el resto de condicionantes.

En el mundo nuclear, el concepto de seguridad presenta unos matices muy particulares con respecto al concepto de seguridad que se suele emplear para el resto de actividades. Aquí, el concepto clave es la Seguridad Nuclear, debido a la propia naturaleza de los materiales que se manejan. Si bien se reconoce que la energía nuclear entraña peligro, porque implica la generación y manipulación de productos radiactivos, también hay que reconocer que una actividad peligrosa no tiene porqué ser insegura, siempre que se incorporen las medidas técnicas, de gestión y administrativas adecuadas. En este sentido, la energía nuclear no es muy distinta de otras actividades peligrosas que la sociedad admite y utiliza, como pueden ser el gas doméstico, la propia electricidad o el transporte.

La definición del objetivo de la Seguridad Nuclear según el Organismo Internacional de la Energía Atómica, OIEA es: *Proteger a los individuos, a la sociedad y al medio ambiente estableciendo y manteniendo en las centrales nucleares una defensa efectiva contra los riesgos radiológicos.*

Por tanto, el objetivo final de la Seguridad Nuclear no difiere del de la seguridad en otras actividades que entrañen riesgo, y no es otro que la protección no sólo de los individuos y de la sociedad en su conjunto, sino también del medio ambiente. En este caso particular, lo que se persigue es garantizar la defensa frente a los efectos perniciosos de las radiaciones ionizantes, pero, a un mismo tiempo, sin renunciar a los indudables beneficios que su utilización reporta a la humanidad.

Esto se consigue gracias al conocimiento de los procesos físicos que tienen lugar y del efecto de la radiación en la materia, que son fruto de más de un siglo de estudios, investigaciones y experiencia en el campo, lo cual ha permitido el desarrollo de la Tecnología Nuclear tal y como hoy la conocemos.

4. 1. La seguridad en las centrales nucleares

El riesgo se puede definir como la contingencia o proximidad de un daño, y se puede estimar como:

$$\text{Riesgo} =$$

$$= \text{Probabilidad del accidente} \times \text{Daño causado por el accidente}$$

De esta definición se deduce que contribuyen más al riesgo aquellos accidentes que presenten una probabilidad elevada, los que puedan causar daños muy graves, o los que puedan dar lugar a un producto alto de probabilidad por daño elevado.

El riesgo depende tanto del funcionamiento de la propia instalación como del emplazamiento en el que ésta se ubique. A la hora de seleccionar un emplazamiento para ubicar una central nuclear, se evalúan factores geográficos, geológicos, hídricos, etc., de manera que se minimice al máximo el riesgo.

Se tienen en cuenta posibles sucesos externos que puedan afectar a la central, tanto naturales (terremotos, inundaciones, sequías, heladas, caída de rayos, vientos huracanados, corrimientos de tierra, etc.) como de origen humano (incendios, choques de vehículos, nubes tóxicas, rotura de presas e inundación, ataques terroristas, impacto de aviones, etc.).

Para cada suceso potencialmente significativo para el riesgo, se efectúa un análisis detallado de las condiciones del emplazamiento, de manera que el diseño y las medidas de mitigación previstas sean tales, que la central esté preparada para soportar dichos sucesos.

Se diseñan además planes de emergencia ya que constituyen el último nivel de seguridad frente a posibles accidentes. Estos planes consisten en una serie de medidas de protección de la población en caso de emergencia. Por ello uno de los criterios a la hora de seleccionar el emplazamiento de la central nuclear es que la densidad de población alrededor de la central sea la menor posible, para minimizar la repercusión en la sociedad en el improbable caso de accidente.

Con respecto al diseño de centrales nucleares, cuanto más robusto sea y mejores sean sus sistemas de mitigación, menor será la probabilidad de accidentes y por tanto, menor el riesgo asociado. Las centrales nucleares están diseñadas y concebidas para que además de funcionar correctamente durante la operación normal, en caso de que algo imprevisible ocurra, los sistemas automáticos de seguridad entren inmediatamente en funcionamiento para asegurar la protección del reactor y garantizar las siguientes funciones de seguridad:

- El control de la reacción de fisión (reacción en cadena) en el seno del reactor, permitiendo en todo momento la parada segura del mismo.

- La refrigeración del combustible nuclear que extrae en todo momento el calor generado por el combustible, incluso después de que el reactor esté detenido. Como ya se vio en el primer capítulo aunque el reactor esté parado, todavía se genera calor residual de la desintegración de los productos de fisión, que hay que disipar. Este calor disminuye rápidamente con el tiempo, pero es clave disponer de sistemas activos o pasivos de refrigeración para que el refrigerante siga pasando a través de los elementos combustibles para extraer y refrigerar ese calor generado. En caso contrario, si no se mantuviera una circulación suficiente en el reactor, el combustible podría dañarse y degradar la estructura interna del núcleo, que incluso podría llegar a fundirse (hecho que se conoce como "fusión de núcleo", donde el núcleo se derretiría debido a las altas temperaturas que se alcanzan, tal y como sucedió en los accidentes de la Isla de las Tres Millas en EEUU o Fukushima en Japón, éste último como consecuencia de un devastador tsunami de gran magnitud).

- El confinamiento de las sustancias radiactivas dentro de barreras de protección físicas. Esta función constituiría en sí misma uno de los objetivos fundamentales de la Seguridad Nuclear, pues manteniendo el aislamiento de las sustancias radiactivas se evitan los daños que éstas pudieran causar.

- La mitigación de las consecuencias radiológicas de un accidente, en el altamente improbable caso de que éste se produjera.

A fin de compensar fallos técnicos, mecánicos o errores humanos, se utiliza el concepto de Defensa en Profundidad, que consiste en incorporar los siguientes niveles de protección:

- Barreras sucesivas de aislamiento del material radiactivo, lo cual se conoce como <u>protección multibarrera</u> a fin de prevenir el escape incontrolado de materiales radiactivos al exterior.

- Protección de las propias barreras, evitando daños en la instalación y en las barreras (<u>salvaguardias tecnológicas</u>).

- Medidas adicionales para proteger al público y al medio ambiente de los daños que pudiesen resultar en el caso de que las barreras no fuesen completamente efectivas (<u>planes de emergencia</u>).

De esta forma cualquier fallo aislado o incluso fallos combinados en un nivel de defensa dado, no se propagaría ni pondría en peligro la defensa en profundidad de los niveles consecutivos.

Desde el punto de vista tecnológico, la seguridad de una central nuclear se fundamenta en los siguientes aspectos:

- Configuración óptima del combustible nuclear: permite que el reactor nuclear sea "intrínsecamente seguro", esto es, que se estabilice automáticamente ante variaciones de la potencia que pudieran producirse. Debido a la propia naturaleza física y configuración del núcleo del reactor, éste estabiliza automáticamente la potencia en caso de producirse un aumento inesperado. La central nuclear de Chernobyl, de diseño soviético, carecía de esta peculiaridad en su diseño, dando lugar a lo que se conoce como accidente de reactividad, en el que la potencia no se estabiliza sola, sino que aumenta si no se ponen medios activos o si éstos fallan.

- Existencia de mecanismos capaces de parar el reactor y llevarlo a condición segura ante cualquier desviación con respecto a las condiciones normales de funcionamiento. Así se evita que los posibles incidentes operacionales se agraven y no lleguen a convertirse en situaciones accidentales. Así por ejemplo, el Sistema de Protección del Reactor, ante cualquier desviación, produce la rápida inserción de las barras de control y el arranque automático de los distintos sistemas de seguridad en función de las condiciones existentes.

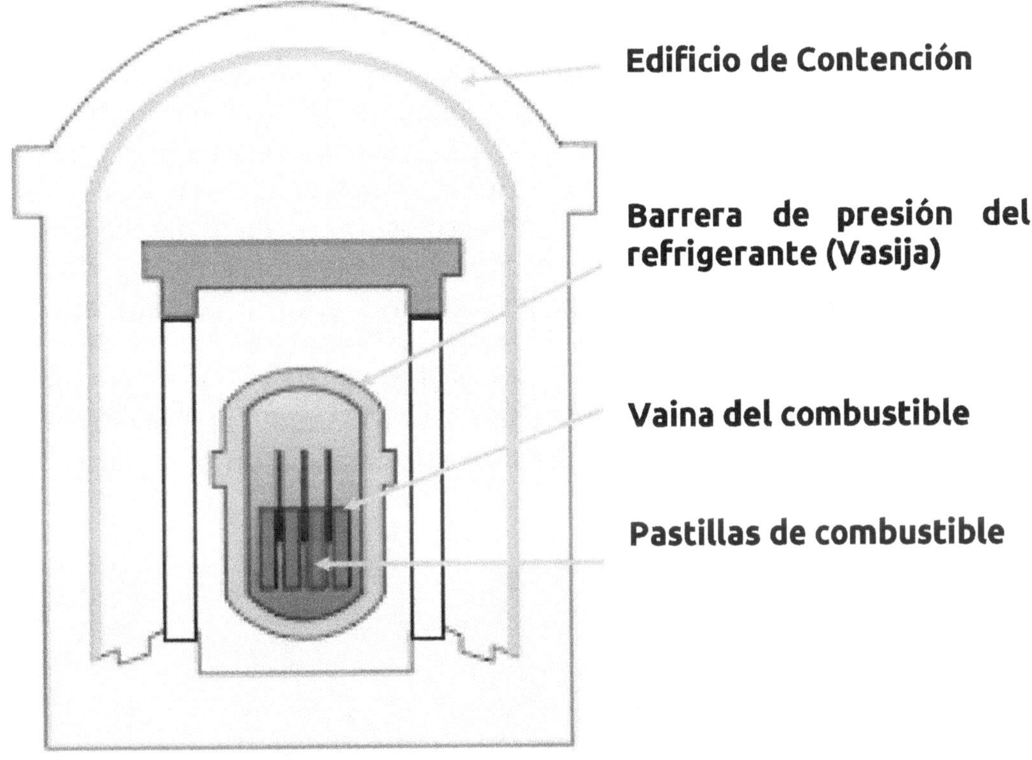

Figura 35. Protección multibarrera

- Protección multibarrera (concepto ya mencionado en la definición de Defensa en Profundidad): Los materiales potencialmente peligrosos son confinados mediante múltiples barreras herméticas, de manera que es altamente improbable que escapen al exterior. Si una barrera se rompe, actuará la siguiente y así sucederá con las diversas barreras existentes en caso de fallos sucesivos. Estas barreras son las siguientes:

  - El propio combustible nuclear, que está diseñado para alojar en la propia pastilla algunos de los productos radiactivos que se generan por las reacciones de fisión.

- La varilla donde se alojan las pastillas de combustible, que es estanca, de manera que evita que los productos radiactivos escapen al refrigerante del reactor.

- La barrera de presión del circuito primario, compuesta de la vasija y sus conexiones aislables, mantiene confinados los productos radiactivos en caso de que se rompan las vainas de los elementos combustibles.

- El Edificio de Contención que incluye generalmente un recubrimiento metálico que asegura la hermeticidad y un blindaje de hormigón para detener las radiaciones, evitar fugas y proteger frente a impactos provenientes del exterior. Evita que los productos radiactivos, mayoritariamente gases o elementos volátiles, escapen al exterior en caso de un accidente en que todas las barreras anteriores fallaran. La central de Chernobyl carecía de este elemento. Por el contrario, en el caso de la central de la Isla de las Tres Millas, el Edificio de Contención evitó que se produjeran consecuencias radiológicas de importancia en el exterior de la central.

Figura 36. Edificio de contención (delante) y torre de refrigeración (detrás) de una central nuclear

- Salvaguardias tecnológicas: ayudan a prevenir los accidentes o a hacer frente con garantías a aquellos que pudieran producirse, de manera que bajo ninguna circunstancia se ponga en peligro la integridad de las barreras anteriormente citadas y su función de seguridad no quede debilitada. En su diseño se considera la aparición de sucesos iniciadores de accidentes, ciertamente posibles, pero no esperables durante la vida de la central, que pueden provocar estados accidentales, agravados o no por errores humanos. Entre tales sucesos se incluirían, como se ha comentado anteriormente, fenómenos naturales externos a la instalación, tales como terremotos o inundaciones, e intrínsecos a la propia central, como puede ser la rotura de una tubería del circuito de refrigerante del reactor que podría dejar sin refrigeración al núcleo del reactor y dañar las vainas del combustible por aumento de la temperatura. Estas salvaguardias deben cumplir unos estándares de calidad muy exigentes y están diseñadas de manera que sean redundantes, es decir, que aunque no funcionen correctamente existan sistemas de respaldo que cumplan su misma función (criterio de fallo único).

Algunos ejemplos de estas salvaguardias tecnológicas o de sus sistemas soporte son los siguientes:

- Sistemas de refrigeración de emergencia: permiten la refrigeración del núcleo del reactor aunque se haya producido un Accidente con Pérdida de Refrigerante (LOCA son sus iniciales en inglés, que responden a "Loss of Coolant Accident"), es decir, una rotura del circuito de refrigerante del reactor o barrera de presión (primario).

- Alimentaciones eléctricas alternativas para evitar que, ante posibles pérdidas de las alimentaciones convencionales, las salvaguardias tecnológicas queden inoperativas, pudiéndose así garantizar la extracción del calor residual (de desintegración) del núcleo. Para ello se dispone de alimentaciones eléctricas diversas desde el exterior y generadores diésel de emergencia.

Figura 37. Generador diésel de emergencia

- Sistema de Aislamiento del Edificio de Contención: Existen diversas penetraciones de tuberías y cables a través de los muros del edificio de contención. Este sistema proporciona el aislamiento del edificio de contención en caso de accidente en el interior de mismo, de manera que no puedan escapar productos radiactivos fuera de él a través de esas penetraciones. Por ejemplo, las tuberías que penetran en el mismo disponen de varias válvulas de aislamiento automático redundantes.

Figura 38. Válvulas de aislamiento de las líneas de vapor principal en el edificio de contención para una central BWR

- Garantía de Calidad durante el diseño, fabricación, montaje, explotación y desmantelamiento, ajustándose a unos estándares muy restrictivos.

En una central nuclear, la emisión de radiación al exterior se controla mediante la interposición de blindajes con el espesor suficiente para absorberla. Este blindaje lo proporcionan las propias barreras anteriormente mencionadas a propósito del principio de Defensa en Profundidad. Constituyen un buen blindaje el agua del reactor y de las piscinas donde se almacena el combustible gastado, el acero de los circuitos y contenedores de transporte para el combustible y el hormigón de los muros de los edificios, cuyo espesor se determina para que el nivel de radiación en el exterior sea completamente inocuo.

Planes de Emergencia

Finalmente, como último nivel de seguridad, se dispone de planes de emergencia que incluyen la aplicación de medidas de protección a las personas, en el altamente improbable caso de que una situación accidental pudiese llegar a liberar cantidades significativas de productos radiactivos al medio ambiente. En España, la planificación de la respuesta ante una emergencia en centrales nucleares se organiza a dos niveles distintos y complementarios:

- Nivel de respuesta interior de la central. Se materializa en el Plan de Emergencia Interior (PEI), responsabilidad del titular de la central nuclear.

- Nivel de respuesta exterior de la central. Las actuaciones a este nivel son responsabilidad de las administraciones y organismos públicos, estableciéndose en los planes derivados:

  - Planes de Emergencia Nuclear Exteriores a las Centrales Nucleares (PEN): incluyen los Planes de Actuación Municipal en Emergencia Nuclear.

  - Plan de Emergencia del Nivel Central de Respuesta y Apoyo a anteriores planes (PENCRA): incluye la posibilidad de petición de ayuda y asistencia internacional.

El hecho de contar con tecnologías altamente fiables y robustas no garantiza por sí solo la seguridad nuclear. Es necesario que las personas quieran, puedan y sepan actuar de forma segura, de tal modo que se garantice el uso adecuado de la tecnología nuclear. Desde hace varias décadas, principalmente desde el desastre de Chernobyl en 1986, estas cuestiones se han abordado desde un enfoque multidisciplinar.

Psicólogos, sociólogos, antropólogos y otros profesionales han tratado de averiguar cómo se puede conseguir que los trabajadores actúen de una forma segura en todo momento, y han llegado a la conclusión de que las centrales deben contar con una fuerte cultura de seguridad.

La cultura de seguridad es un tipo de cultura organizativa que hace que las personas trabajen unidas para velar por la seguridad de la central. Esto se entenderá mejor con un ejemplo. Pensemos en el día a día de una central nuclear en concreto. Imaginemos una serie de circunstancias que se dan en la central a lo largo del tiempo: por ejemplo un supervisor dando la enhorabuena a un trabajador por haber compartido con sus compañeros el conocimiento aprendido en un curso; ese mismo supervisor recriminando a otro trabajador por haber encontrado un error en la sala de control y no haberlo reportado de inmediato; un directivo o gerente que a su paso por la planta detecta un charco de aceite y lo limpia él mismo; un trabajador nuevo que observa cómo sus compañeros nunca toman atajos para ser más productivos a la hora de hacer su trabajo; la existencia de protocolos escritos, procedimientos y políticas que detallan qué hacer para garantizar la seguridad de la central en caso de emergencia. Pensemos en estos cinco casos y en todas las experiencias y momentos que los trabajadores viven y comparten en el día a día en la central. Es de esperar que los trabajadores vayan aprendiendo que algunas acciones o formas de hacer las cosas son elogiadas, apoyadas y recompensadas mientras otras no. Con el paso del tiempo los trabajadores van comprendiendo e interiorizando "la filosofía" y los valores de la central y empiezan a compartir la forma de ver las cosas, de sentir y de actuar dentro de la central. Esto es, los trabajadores de la central llegan a tener su propia cultura organizativa.

Por tanto, la cultura de una organización orienta el comportamiento de sus miembros tanto en el día a día como en situaciones particulares y dirige sus acciones hacia la consecución de los objetivos de la organización. Cuando los trabajadores de una central nuclear (gerentes, líderes, operadores, etc.) estén de acuerdo (y actúen en consecuencia) en que la seguridad de la central es el objetivo prioritario en todo momento, estando siempre por encima de otros objetivos (productividad, innovación, etc.), se habla de una organización con una fuerte cultura de seguridad.

Figura 39. Sala de Control

Estos son algunos de los principios en los que se basa la cultura de seguridad de una central nuclear:

- Un sistema de gestión de personal que permita la incorporación de personal altamente cualificado y concienciado con el valor prioritario de la seguridad, que abogue por el desarrollo continuo de estas personas en materias técnicas y de seguridad, y que motive a estas personas a desarrollar un trabajo seguro y de calidad. Un ejemplo de ello lo constituye el personal encargado de la operación de la sala de control de una central nuclear, el cual es sometido a un duro proceso de selección, formación teórico-práctica y exámenes del organismo regulador para la obtención de la licencia que le permita operar una central nuclear.

- Empleo de procedimientos orientados a la seguridad: las actividades en las centrales nucleares están reguladas por procedimientos, tanto técnicos (de operación, mantenimiento, protección radiológica, emergencia, en caso de transitorios operacionales y accidentes, etc.) como organizativos y de administración, que reducen la probabilidad del error humano. Estos procedimientos se aplican generalmente de forma sistemática, no obstante deben dejar un margen de flexibilidad para poder dar respuesta a situaciones inesperadas.

- Análisis de la experiencia operativa propia y de otras centrales nucleares con el objeto de establecer mejoras y lecciones aprendidas, persiguiendo así la excelencia en la operación.

- Un ambiente de confianza en el que se anime, e incluso recompense, a las personas por facilitar información esencial relacionada con la seguridad de la central. Este ambiente de confianza no debe difuminar la línea entre lo que es comportamiento aceptable e inaceptable y debe contar con sistemas y normas para culpar a trabajadores que cometan violaciones de la seguridad intencionadamente.

- Una toma de decisiones que refleje la seguridad ante todo. Cuando se toma una decisión, está no puede comprometer la seguridad de la central. La seguridad es siempre antes que la productividad.

- Una actitud cuestionadora. Debe existir una falta de conformismo en lo que a seguridad se refiere, siempre se puede mejorar.

- Los líderes muestran su entrega y dedicación por la seguridad. Los líderes predican con su ejemplo y transmiten sus valores y creencias sobre la importancia de la seguridad.

Lograr una cultura de seguridad requiere el esfuerzo conjunto de todos los actores que influyen en mayor o menor medida en la seguridad de la central, esto es, el Gobierno, los organismos reguladores, consultores externos, directivos de la central, mandos intermedios y trabajadores de línea. Este esfuerzo conjunto debe ser canalizado principalmente por los líderes o mandos de la central, ya que ellos son la cadena entre las personas encargadas de tomar las decisiones y las personas encargadas de operar la central nuclear.

En conclusión, conseguir ser una central libre de accidentes requiere algo más que el diseño e implementación de tecnologías seguras. Cada central nuclear necesita una cultura compartida por todos los trabajadores cuya piedra angular y principal objetivo sea la seguridad de los trabajadores, la sociedad y el medioambiente. Cultura de seguridad es "hacer las cosas bien incluso cuando nadie está mirando".

4.3. El Consejo de Seguridad Nuclear

En España, el organismo independiente encargado de velar por la Seguridad Nuclear y la Protección Radiológica de las personas y el medio ambiente es el Consejo de Seguridad Nuclear (CSN), que controla que los niveles de riesgo existentes estén dentro de lo tolerable, es decir, que la probabilidad de accidentes graves sea sumamente pequeña.

El Consejo de Seguridad Nuclear ejerce una labor de inspección, auditoría y control durante todo el proceso de diseño, construcción y puesta en marcha de las instalaciones nucleares, incluyendo su presencia durante las pruebas pre-operacionales y operacionales tendentes a comprobar si el funcionamiento de los distintos sistemas, equipos y componentes es o no conforme con lo que se proyectó. Posteriormente, durante la operación de la instalación, el Consejo realiza una supervisión y control continuados de su funcionamiento a través de la evaluación de los informes periódicos que las centrales le remiten, de los informes sobre sucesos notificables que puedan haber ocurrido, de las inspecciones realizadas por sus técnicos, etc. Además, el Consejo tiene destacados, de forma permanente, a dos inspectores residentes en cada central nuclear en operación.

El CSN también colabora con el Gobierno en la elaboración y revisión de la reglamentación en materia de Seguridad Nuclear y Protección Radiológica, informa sobre la concesión o retirada de autorizaciones, controla los niveles de radiación y el vertido de productos radiactivos en las proximidades de instalaciones nucleares y radiactivas, participa en la confección de planes de emergencia y promociona la realización de trabajos de investigación.

Aunque es un organismo independiente de la Administración Central del Estado, realiza informes preceptivos y vinculantes en materia de Seguridad Nuclear y Protección Radiológica, que son posteriormente estudiados por el Ministerio competente, generalmente el Ministerio de Industria, autorizando o denegando la continuidad de la explotación de la instalación nuclear.

Además, mantiene informada a la opinión pública sobre temas de su competencia y cada seis meses informa de sus actuaciones al Congreso de los Diputados y al Senado.

4. 4. Conclusiones

El objetivo prioritario de la Energía Nuclear es la explotación segura de sus instalaciones. La Seguridad Nuclear permite garantizar la defensa frente a los efectos perniciosos de las radiaciones ionizantes sin renunciar a los beneficios que la utilización de la Energía Nuclear reporta a la humanidad.

A fin de compensar fallos mecánicos y errores humanos, se emplea el principio de Defensa en Profundidad, que se centra en varios niveles de protección: protección multibarrera, salvaguardias tecnológicas y planes de emergencia. Las centrales nucleares están diseñadas para hacer frente con garantías a los diversos fenómenos que podrían dar lugar a un accidente con consecuencias radiológicas, como terremotos, inundaciones, explosiones, incendios, vientos huracanados, nubes tóxicas, accidentes en el interior de la instalación (rotura del circuito de refrigerante del reactor), etc.

Los residuos peligrosos de las centrales nucleares no se expulsan al medio ambiente, aplicándose el confinamiento de los mismos mediante barreras sucesivas herméticas. Este tratamiento es diferente del recibido por otros residuos industriales (y domésticos) de contrastado impacto negativo en el medio ambiente, a los cuales se les aplica el principio de dispersión y dilución en el medio (tal es el caso del CO_2, por ejemplo).

Existen factores organizativos y de gestión de personal que juegan un papel relevante en la seguridad de las centrales nucleares. Cada central debe contar, no solo con tecnologías fiables y robustas, sino también con una cultura de seguridad que garantice la seguridad de los trabajadores, la sociedad y el medioambiente.

Existe un organismo regulador independiente: el Consejo de Seguridad Nuclear, que vela por el cumplimiento de los objetivos de Seguridad Nuclear y Protección Radiológica.

4. 5. Bibliografía y recursos web

- Consejo de Seguridad Nuclear (*www.csn.es*)

- Foro de la Industria Nuclear Española (*www.foronuclear.org*)

- World Association of Nuclear Operators (*www.wano.info*)

5. Protección radiológica

La radiactividad es un fenómeno físico-químico por el que algunos cuerpos emiten radiaciones ionizantes de varios tipos: radiaciones α (alfa), β (beta), γ (gamma) y neutrones; que pueden interactuar con la materia viva.

El objetivo de la protección radiológica (en adelante PR) es, de acuerdo con la IAEA (Internacional Atomic Energy Agency), proteger a trabajadores, público y medio ambiente de las radiaciones que emite toda industria que utiliza, tanto fuentes, como mecanismos emisores de radiación.

Pero antes de plantearse cómo protegerse de ellas, se debe comprender cómo afectan las radiaciones ionizantes y cómo se puede detectar su presencia; por ello, se presentan a continuación los efectos que sobre los organismos vivos causan las radiaciones con carácter ionizante, más tarde se presentarán los métodos (unidades y dispositivos) que se emplean para medir las radiaciones ionizantes y se finaliza el capítulo con las estrategias activas que se emplean para protegerse de ellas y minimizar sus efectos nocivos.

La PR es el mecanismo utilizado para proteger a trabajadores, personas del público y medio ambiente de las radiaciones que se producen tanto de forma natural como en la industria o en tratamientos médicos.

El entorno natural que nos rodea está repleto de fuentes de radiación de origen natural. Una gran parte de éstas provienen de la radiación solar, pero mucha es también generada por materiales radiactivos existentes en la tierra de forma natural.

La ONU, a través de su Comité Científico para el Estudio de los Efectos de las Radiaciones Atómicas, indica que casi el 90% de las radiaciones ionizantes que recibe una persona a lo largo de su vida es de origen natural y sólo el 10% restante tienen origen artificial.

La Figura 40 muestra los diferentes orígenes de las radiaciones ionizantes.

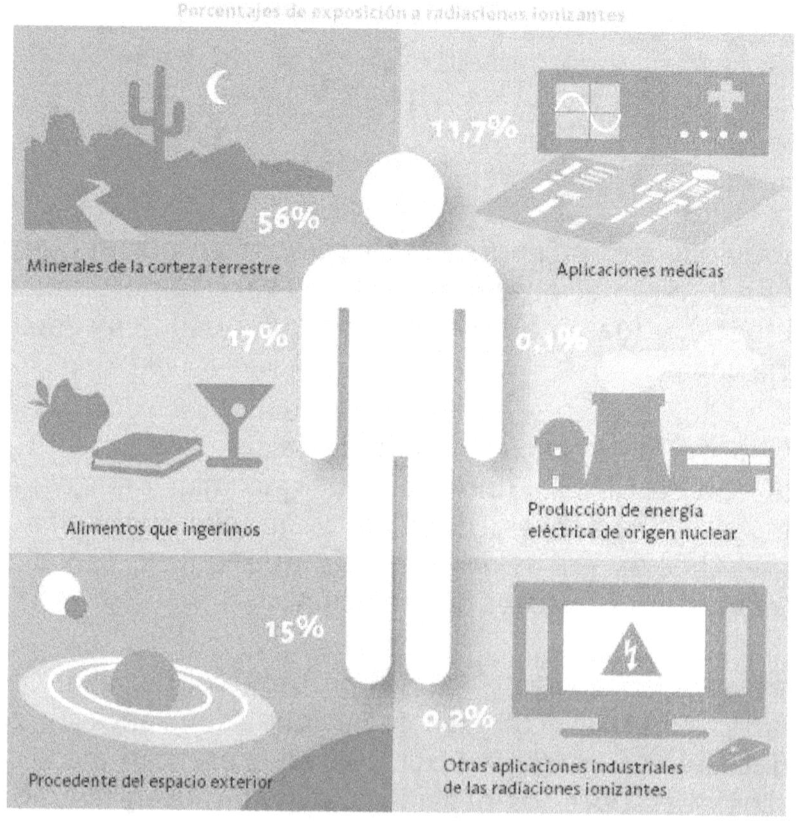

Figura 40. Porcentajes de exposición a radiaciones ionizantes

5.1. Interacción de las radiaciones ionizantes

Cuando una partícula interacciona con los átomos de una célula viva deposita en ellos su energía causando ionizaciones y desplazamientos. La destrucción de las estructuras moleculares de los principales orgánulos de la célula puede impedir su normal funcionamiento, pero cuando la interacción se produce sobre el núcleo de la célula, donde se localiza el ADN, es cuando los daños pueden resultar más peligrosos. Esto es por dos razones: por un lado el ADN es el elemento de la célula que contiene toda la información para su posterior crecimiento y el desarrollo de su cometido en el interior del organismo. Por otro, los posibles defectos (mutaciones) introducidos en el ADN serán reproducidos en todos los descendientes de la célula modificada a través del conocido proceso de replicación del ADN.

Los procesos de daño sobre el material genético son muy habituales, no sólo se producen por los efectos de las radiaciones, sino también por otros agentes como los radicales libres. En el cuerpo humano, por ejemplo, se producen a un ritmo de varios millones por segundo y por esto se cuentan con diversos procesos de reparación de los cromosomas.

Cuando una célula recibe un daño en su cadena de ADN, se ponen en marcha los mecanismos de recuperación, que en general aprovechan la duplicidad de la información en la doble hélice del ADN para reparar los daños producidos. En función de la gravedad de los daños y la capacidad de los mecanismos de reparación puede restaurarse el estado normal de la célula o llegar a la muerte celular, pero existe una tercera posibilidad: podría ocurrir que ésta quedase suficientemente reparada como para vivir pero no para realizar su cometido, quedando como célula parásita en el organismo. Si esta célula tiene un alto potencial reproductivo, puede llegar a desarrollarse un cáncer.

El esquema de la Tabla 2 presenta todas las posibilidades que pueden darse frente a un daño producido.

	Reparado			Sin consecuencias
	Mal reparado	Zona fundamental	Alto potencial reproductivo	**Riesgo daños probabilistas**
			Bajo potencial reproductivo	Sin consecuencias
Daño celular		Zona no fundamental		Sin consecuencias
	No reparado	Zona fundamental		**Riesgo daños deterministas**
		Zona no fundamental		Sin consecuencias

Tabla 2 Resumen de los daños celulares

Efectos deterministas y probabilistas

Como muestra la Tabla 2, existen dos riesgos muy diferentes cuando se habla de efectos biológicos de las radiaciones.

Efectos probabilistas: cuando el daño se produce en una zona importante del ADN de una célula con alta capacidad de reproducirse y además no se logra reparar correctamente, la célula

71

podría dar lugar a una estirpe de células vivas que consumen recursos sin realizar su cometido en el cuerpo; he aquí el riesgo de cáncer e incluso de posterior metástasis. El daño probabilista es un daño que aparece mucho tiempo después de haber sido recibida la dosis (diferido en el tiempo) y presenta un carácter marcadamente probabilista, ya que son muchos los factores que influyen en el desarrollo de un tumor. Para este tipo de efectos se supone de forma conservadora que no existe un límite de dosis, es decir, se considera que cualquier dosis, por pequeña que sea, es susceptible de provocarlos.

Efectos deterministas: si el daño no se consigue reparar y se ha producido en una zona fundamental de la célula se producirá la muerte celular. Esto resulta peligroso si ocurre en una gran cantidad de células del cuerpo, especialmente si éstas forman parte de órganos indispensables para las acciones vitales del organismo. El daño aparece en forma de quemadura, tanto externa como interna (esto depende del tipo y forma en que se haya recibido la radiación). Es un daño que aparece poco después de la exposición y a partir de un límite de dosis, es suficiente para causar daño en una gran cantidad de células. De hecho, este método es el que aprovecha la medicina actual en muchos tratamientos de radioterapia, en los que la aplicación de altas dosis sobre zonas cuidadosamente escogidas provoca la eliminación de tumor.

Para ser capaces de establecer límites que mantengan estos riesgos en probabilidades bajas, es necesario medir las radiaciones ionizantes.

5. 2. Medidas y unidades en protección radiológica

Todo lo relacionado con este campo está en continua revisión desde 1920. Los conceptos básicos de la dosimetría (que es el cálculo de la energía absorbida en los tejidos vivos) han quedado rigurosamente establecidos gracias a la Comisión Internacional de Unidades de Radiación.

Lo que se mide en protección radiológica es un daño, no una magnitud física. Por ello, las magnitudes deben estar relacionadas directamente con el daño provocado a un tejido por una radiación. Pero no todo el tejido es igual, ni tampoco cada partícula provoca los mismos efectos. Incluso para una misma partícula el daño es diferente según la energía que ésta posea, creciendo de forma no proporcional, al haber algunas interacciones que presentan umbrales.

Todo ello es estudiado y administrado por la Comisión Internacional de Protección Radiológica (ICRP). Este organismo no gubernamental de carácter científico tiene asignada la misión de establecer las bases científicas y los principios básicos de la protección radiológica. Considera que el objetivo de la protección radiológica debe ser, por una parte, prevenir la aparición de efectos deterministas manteniendo las dosis por debajo de la dosis umbral, y por otra parte, reducir, dentro de lo razonablemente posible, la probabilidad de aparición de efectos estocásticos a unos valores que puedan ser aceptables para la sociedad.

Relación entre magnitudes

La unidad de medida de la radiación es el Becquerelio (Bq), que equivale a una desintegración atómica por segundo. El esquema de la Figura 41 muestra las magnitudes utilizadas en protección radiológica. Las magnitudes físicas son directamente medibles a través de procesos físicos. Los mecanismos a través de los cuales estas partículas interaccionan son diversos y de alta complejidad al depender de la carga, la energía, etc. Un ejemplo de las unidades que se emplean es el *Kerma*. La magnitud que pretende medirse es la cantidad de energía que la radiación ha sido capaz de depositar en una masa. La unidad en el sistema internacional es el Gray (J/kg). Se entiende como *Dosis Absorbida* la cantidad de energía depositada en un individuo dividido entre la masa de dicho individuo.

Las magnitudes operacionales se relacionan con las magnitudes físicas, con cálculos extraídos usando maniquíes simples. Además a través de calibraciones, son magnitudes medibles. Dado que es imposible conocer la dosis exacta en un órgano, por ser imposible contabilizar todas las partículas, son éstas las unidades que se emplean desde el punto de vista práctico. Éstas son la *Dosis Equivalente Ambiental*, la *Dosis Equivalente Direccional* y la *Dosis Equivalente Personal*. La unidad de medida de estas magnitudes es el Sievert (Sv) o el Rem, relacionadas como 1 Sv = 100 Rem.

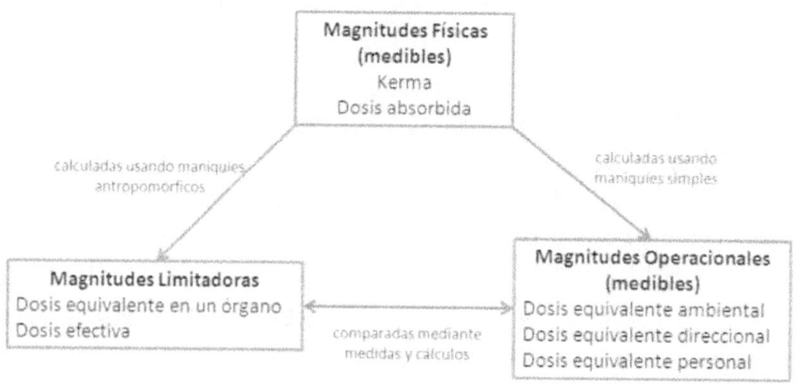

Figura 41. Sistema de magnitudes para dosimetría y PR

Aunque se pudiera conocer con precisión la dosis (en Gy) sobre un órgano, no se tendría una idea clara del daño que esta radiación ha producido, ya que no todos los órganos tienen la misma importancia relativa para la vida, ni todas las radiaciones tienen los mismos efectos. Para resolver esto se introducen unos coeficientes (arbitrarios y en continua revisión) que permiten hacerse una idea del daño producido. Las magnitudes limitadoras son la *Dosis Equivalente* en un órgano y la *Dosis Efectiva* y se relacionan con las magnitudes físicas a través de factores de correlación relacionados con la naturaleza de las partículas y con el tipo de materia. A la vez se relacionan con las magnitudes operacionales mediante medidas y cálculos numéricos. La unidad de estas magnitudes son también los Sievert al igual que para las dosis descritas en las magnitudes operacionales.

Detectores de radiación

La medición de las magnitudes anteriores no es trivial debido a la diversidad de radiación que existe y sus diferentes formas de interaccionar con la materia.

La radiación es, por su naturaleza, compleja de detectar. Son necesarios detectores capaces de distinguir entre unas partículas y otras, captar sus propiedades y transformar esas particularidades en pulsos eléctricos que muestren la cantidad de radiación que se mide.

Atendiendo a la alta variabilidad que existe en tipos de radiación y energía de ésta, hay que escoger aquél cuyas características sirvan de forma más adecuada al propósito en cada situación.

Para medir radiación es importante saber qué clase de radiación se quiere medir, ya que cada tipo de radiación interacciona de forma diferente con la materia. Se debe escoger aquel detector especializado en el mecanismo de la partícula a medir.

Las características principales de los detectores son:

- Eficiencia de detección: expresa la fiabilidad del detector en su medida.

- Resolución en energías: capacidad del detector para diferenciar distintas energías cercanas entre ellas.

- Resolución temporal: capacidad para distinguir entre dos partículas que alcancen el detector muy seguidas en el tiempo.

Existen diversos tipos de detectores de radiación. En primer lugar hay que diferenciar los contadores que únicamente pueden contabilizar el número de partículas que captan de los detectores, que, a través de una lógica, permiten conocer la energía y tipo de las partículas captadas.

Los ejemplos más conocidos son:

Detector + contador

- Detectores de gas (cámara de ionización, contadores proporcionales, Geiger-Müller)

- Detectores de centelleo (sólido, líquido)

- Detectores de semiconductor (germanio, silicio)

Contador

- Detectores de termoluminiscencia

- Detectores de emulsión fotográfica

Uno de los mecanismos de protección más efectivos es el control de los espacios. Por eso se procede a su señalización según la radiación que allí exista para cerciorarse de que las diferentes zonas queden protegidas con fiabilidad y que nadie acceda a ellas sin autorización.

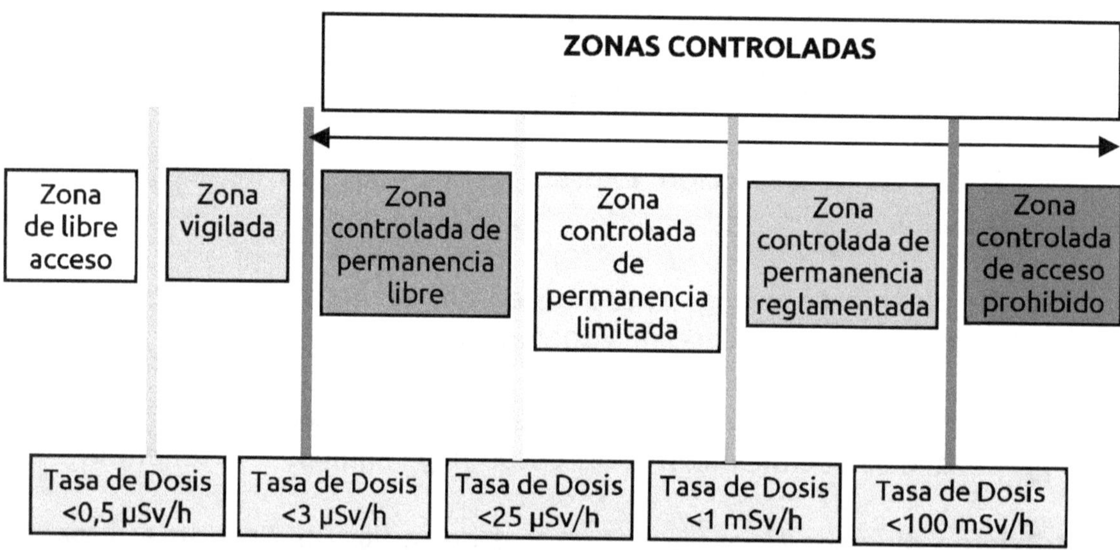

Figura 42. Clasificación de las zonas en PR

Las tasas de dosis se dividen en varios rangos y a cada rango se le asigna un tiempo posible de permanencia. Si se imponen unos límites demasiado pequeños, se impide todo desarrollo de las tecnologías relacionadas con la radiación, mientras que un límite demasiado alto podría poner en peligro a la población.

El límite máximo que se establece para miembros de la población cumple dos directrices: en primer lugar no supone un aumento considerable en la posibilidad de dar lugar a enfermedades relacionadas con el daño estocástico y por otro no supone un porcentaje elevado en comparación con la radiación natural.

La Figura 42 muestra la codificación de colores y el nombre que se les da a las diferentes zonas y habitáculos en función de la irradiación potencial en ellas. Los valores de separación de zonas están relacionados con los valores que muestra la Figura 43. La primera zona, donde la tasa máxima es de 1 mSv/año, se trata de una zona totalmente libre de acceso para todo el público.

La siguiente es una zona donde estando toda la jornada completa se supera el umbral del público (por lo que su acceso estará limitado), pero no se superan los 6 mSv/año, por tanto sólo es una zona vigilada, donde se puede trabajar sin limitar el tiempo.

Miembros del público	
Límite de dosis efectiva (año oficial)	1 mSv
Límite de dosis equivalente (año oficial)	
Cristalino	15 mSv
Piel	50 mSv
Extremidades	50 mSv
Trabajadores expuestos	
Límite de dosis efectiva	
Periodo de 5 años consecutivos	100 mSv
Año oficial	50 mSv
Límite de dosis equivalente (año oficial)	
Cristalino	150 mSv
Piel	500 mSv
Extremidades	500 mSv

Figura 43. Límites de dosis

A partir de la zona controlada de permanencia libre ya sólo está permitida la entrada a personal profesionalmente expuesto, con un control dosimétrico. En esta zona se puede permanecer toda la jornada sin pasar los límites permitidos para el personal expuesto, pues la tasa no supera los 50 mSv/año.

En la zona de permanencia limitada se debe controlar el tiempo de permanencia, pues es una zona en la que se puede superar el límite de 50 mSv/año permaneciendo toda la jornada completa durante un año.

La zona naranja o de permanencia reglamentada es una zona donde se podrían superar los límites reglamentados en un plazo muy corto de tiempo, así que son zonas de trabajos muy concretos y muy planificados para no superar dichos umbrales de dosis.

Por último la zona controlada de acceso prohibido es una zona donde no se puede acceder porque de una sola exposición se podrían superar los límites establecidos.

La señalización, además de los códigos de colores ya explicados, se complementa con el dibujo pertinente (Figura 44). La ilustración de las diferentes señales muestra los riesgos que puede acarrear el cubículo, dependiendo del tipo de fuente radiactiva que allí se trabaje. En primer lugar vemos que de las aspas del icono central salen unas flechas que apuntan hacia fuera, lo cual significa peligro de irradiación. También vemos un fondo de puntos en las señales, lo que está referido al peligro de contaminación. La diferencia entre ambos términos es clara pero a menudo confundida entre el público lego: el peligro de irradiación consiste en la posibilidad de encontrarse sometido a cierta dosis mientras se encuentra uno en la estancia, pero ésta desaparecerá al salir.

En el caso de la contaminación, la fuente radiactiva no se encuentra aislada o encapsulada (puede incluso encontrarse en el mismo ambiente) y por lo tanto, al salir de la zona es posible llevar material radiactivo, ya sea en el interior del organismo o adherida a la piel o la ropa. El problema de esto es que al llevar la fuente de radiación consigo el individuo sigue recibiendo dosis allá a donde vaya y además tiene peligro de irradiar y contaminar a otras personas que nunca entraron en la instalación.

Separación de zonas

Para la PR es muy importante la separación de zonas y para cerciorarse de que las zonas no son franqueables por personal no autorizado a permanecer o pasar por ellas se establecen barreras de entrada y salida. Una característica de las barreras que se implantan para la separación de zonas es el control dosimétrico. Las barreras están caracterizadas por tener detectores de radiación para el control del personal y de las herramientas que pasen de una zona a otra.

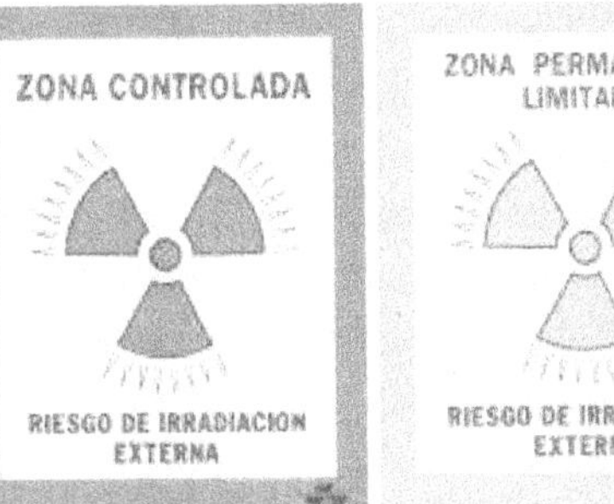

Figura 44. Señales de delimitación de zonas

Figura 45. Acceso a zona controlada

Para combatir el peligro de contaminación en las zonas susceptibles de ello se utilizan vestuarios. En los vestuarios se debe cambiar la ropa de calle a la pertinente indumentaria para el trabajo antes de entrar en la zona controlada dosimétricamente. Al finalizar se debe desvestir siempre siguiendo un procedimiento que evita el arrastre de la contaminación que pudiera haberse adherido a la ropa.

Por último, si los detectores de barrera detectan contaminación, las instalaciones están dotadas de duchas que se utilizan como última medida de descontaminación. Lo más importante es que las barreras no pueden ser traspasadas hasta que los detectores no den como bueno el chequeo del individuo.

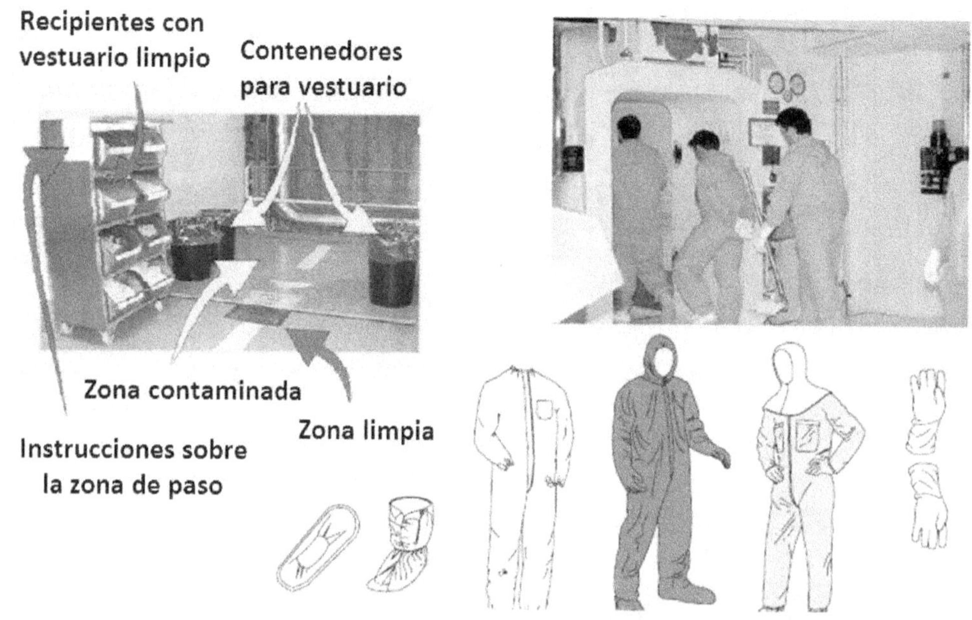

Figura 46. Vestuario de protección personal

5.4. Conclusiones

Las radiaciones ionizantes provocan daños en los sistemas biológicos al interaccionar con el ADN. Este daño puede ser de carácter estocástico (ante cualquier dosis y diferido en el tiempo) o determinista (con umbral de dosis e instantáneo).

La dosis recibida se mide en Sieverts (Sv), que se obtienen de multiplicar los Grays (Gy = J/kg) por sendos coeficientes arbitrarios dependientes del tipo de partícula incidente y del órgano donde afecte.

La radiación no puede ser percibida por los sentidos humanos. Los detectores tienen diferentes características que los hacen válidos para diferentes tipos de mediciones: la eficiencia en la detección y la resolución de energías.

Es preciso distinguir entre irradiación (que cesa al abandonar la zona) y contaminación (que continúa, y puede afectar a terceros).

El límite de dosis para el público general es de 1 mSv al año, mientras que la dosis para los trabajadores expuestos es de 100 mSv en cinco años sin sobrepasar nunca los 50 mSv en un solo año. Para el control de las zonas se establecen barreras entre ellas.

5. 5. Bibliografía y recursos web

- Consejo de Seguridad Nuclear (*www.csn.es*)

- Autoridad Regulatoria Nuclear de Argentina (*www.arn.gov.ar*)

- IAEA Safety Standards (*www-ns.iaea.org/standards*)

- Sociedad Española de Protección Radiológica (*www.sepr.es*)

- UNSCEAR, the United Nations Scientific Committee on the Effects of Atomic Radiation (*www.unscear.org*)

6. Gestión de residuos radiactivos

Los usos artificiales de la radiactividad (generación de electricidad, pruebas médicas, investigación, etc.) generan residuos, entre los cuales hay residuos radiactivos, definidos según la Ley 54/1997 de Regulación del Sector Eléctrico, como *"cualquier material para el que no se tiene previsto ningún uso y que contiene o está contaminado con nucleidos radiactivos por encima de unos niveles establecidos por el Ministerio de Industria y Energía, previo informe del Consejo de Seguridad Nuclear, llamados "Niveles de Exención""*.

Las radiaciones que emiten los residuos radiactivos hacen que puedan resultar peligrosos. Su peligrosidad depende de la naturaleza y cantidad de radionucleidos presentes. La presencia de radionucleidos por encima de los límites de exención obliga legalmente a su poseedor a gestionarlos adecuadamente para disminuir el riesgo sobre las personas y el medio ambiente.

La Gestión de Residuos Radiactivos trata de asegurar que no se escapen componentes radiactivos al medio ambiente en cantidades peligrosas.

El Plan General de Residuos Radiactivos (PGRR) recoge las estrategias y actividades a realizar en España en relación a los residuos radiactivos. Se aprueba en Consejo de Ministros y se revisa y actualiza periódicamente. Actualmente está en vigor el Sexto Plan General de Residuos Radiactivos (PGRR), aprobado el 23 de junio de 2006. Este documento es una síntesis de la planificación y gestión en materia de residuos radiactivos en nuestro país.

6.1. ¿Cómo se clasifican los residuos radiactivos?

Los principales parámetros a tener en cuenta para la clasificación de los residuos radiactivos son: el período de semi-desintegración, la actividad y la proporción de emisores alfa que contienen. La clasificación de residuos según el período de semi-desintegración es la siguiente:

* Residuos de vida muy corta: períodos de semi-desintegración del orden de 90 días.

* Residuos de vida corta: períodos de semi-desintegración máximos de unos 30 años, como ^{137}Cs y ^{90}Sr.

* Residuos de vida larga: períodos de semi-desintegración superiores a 300 años, como ocurre con los principales emisores alfa.

La clasificación de los residuos según su radiactividad es la siguiente:

* **Residuos radiactivos de baja actividad (RBBA):** Aquéllos que, por su bajo contenido radiactivo (menos de 100 Bq/g) no requieren blindaje durante su manipulación y transporte.

* **Residuos de baja y media actividad (RBMA):** Aquéllos que presentan actividad específica baja (menos de 4.000 Bq/g), que emiten principalmente radiaciones β y γ, cuyo periodo de semi-desintegración es menor de 30 años y que no generan calor en almacenamiento. Pueden ser herramientas, ropa de trabajo, instrumental médico y otros materiales utilizados en algunas industrias, hospitales, laboratorios de investigación y centrales nucleares.

* **Residuos de alta actividad (RAA):** Aquéllos cuya actividad específica es alta (mayor de 4.000 Bq/g), que emiten radiaciones α en proporciones apreciables y cuyo periodo de semi-desintegración es mayor de 30 años. Para su transporte y almacenamiento es necesario un blindaje especial. Además, cuando se almacenan generan calor por sí mismos, con lo que es necesario prever la refrigeración constante de los mismos en su lugar de almacenamiento. Principalmente se trata de elementos de combustible gastado de reactores nucleares.

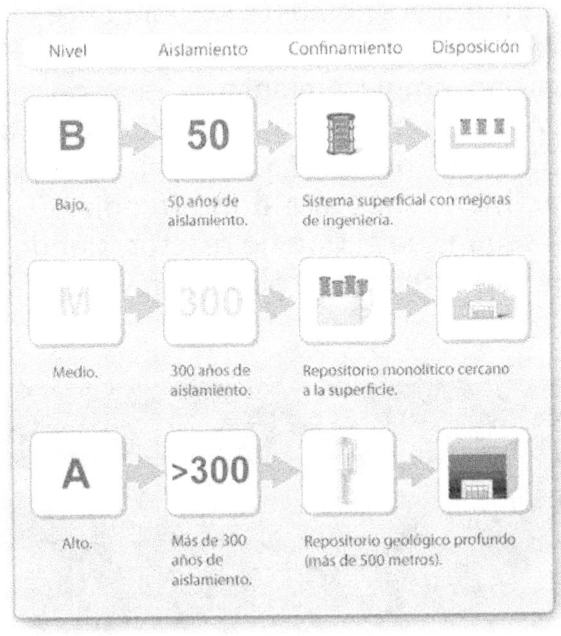

Figura 47. Gestión de Residuos según nivel de actividad

6. 2.   ¿Qué actividades generan residuos radiactivos?

El origen de los residuos radiactivos está en las siguientes actividades:

- Residuos generados en la operación normal de las Centrales Nucleares: En función del diseño de la central (PWR o BWR), en cada ciclo de operación (12, 18 ó 24 meses) se sustituyen entre 90 y 150 toneladas elementos combustibles gastados por nuevos. Los gastados (RAA) se almacenan, de momento, en piscinas dentro de la propia central. Los residuos de operación (RBMA), herramientas y otros elementos que han sido contaminados varían según el tipo de central:

  - 50 m³/año para reactores de agua a presión (PWR).

  - 130 m³/año para reactores de agua a ebullición (BWR).

- Residuos generados en el desmantelamiento de las Centrales Nucleares: El desmantelamiento de la C. N. Vandellós I supuso la generación y tratamiento de 1.764 toneladas de residuos radiactivos de baja y media actividad (RBMA). El Plan de Desmantelamiento y Clausura de la C.N. José Cabrera prevé concluir las tareas en el año 2016. Actualmente el combustible se encuentra almacenado en un Almacén Temporal Individualizado (ATI) en el mismo emplazamiento, a la espera de su traslado definitivo al ATC. Se estima una producción por cada central nuclear de 10.000 m^3 de RBBA, 2.000 m^3 de RBMA y 110 m^3 de residuos de actividad más alta o intermedia. El volumen de los residuos varía según sea el tipo de reactor, siendo mayores los de los reactores de agua en ebullición (C.N. Garoña y C.N. Cofrentes).

Figura 48. Piscina de almacenamiento de combustible gastado

- Residuos generados en la fábrica de combustibles de Juzbado: se generarán del orden de 10 m^3/año, además de 50 m^3 de RBMA en su desmantelamiento.

- Residuos del desmantelamiento del CIEMAT: el CIEMAT está considerado como una instalación nuclear única, debido a que todavía tiene unas instalaciones clausuradas, que deben ser desmanteladas. Desde el año 2000 se desarrolla el Plan Integral de Mejora de las Instalaciones del CIEMAT en el cual se estima que se generarán unos 900 m^3 de residuos, prácticamente todos del tipo RBBA y RBMA.

- Otros residuos generados como consecuencia de:

  - Aplicaciones de los isótopos radiactivos a la medicina, investigación, industria y agricultura: 40 m^3/año de RBMA aproximadamente.

- Incidentes ocasionales: principalmente por fuentes radiactivas fuera del sistema regulador, como chatarras y accidentes en instalaciones operativas. En su mayoría RBMA.

- Detectores iónicos de humos y pararrayos radiactivos: que contienen fuentes de ^{241}Am, ^{226}Ra (emisores alfa), ^{90}Sr, ^{14}C y ^{85}Kr (emisores beta) utilizados para su funcionamiento y que han sido retirados por ENRESA, desmontados por el CIEMAT y enviados a Inglaterra y Estados Unidos, y actualmente al Centro de Almacenamiento de El Cabril. En total unos 84.000 detectores iónicos de humos.

- Materiales aparecidos fuera del sistema regulador, y que son intervenidos según la legislación vigente (R.D. 229/2006 sobre el control de fuentes radiactivas encapsuladas de alta actividad y fuentes huérfanas).

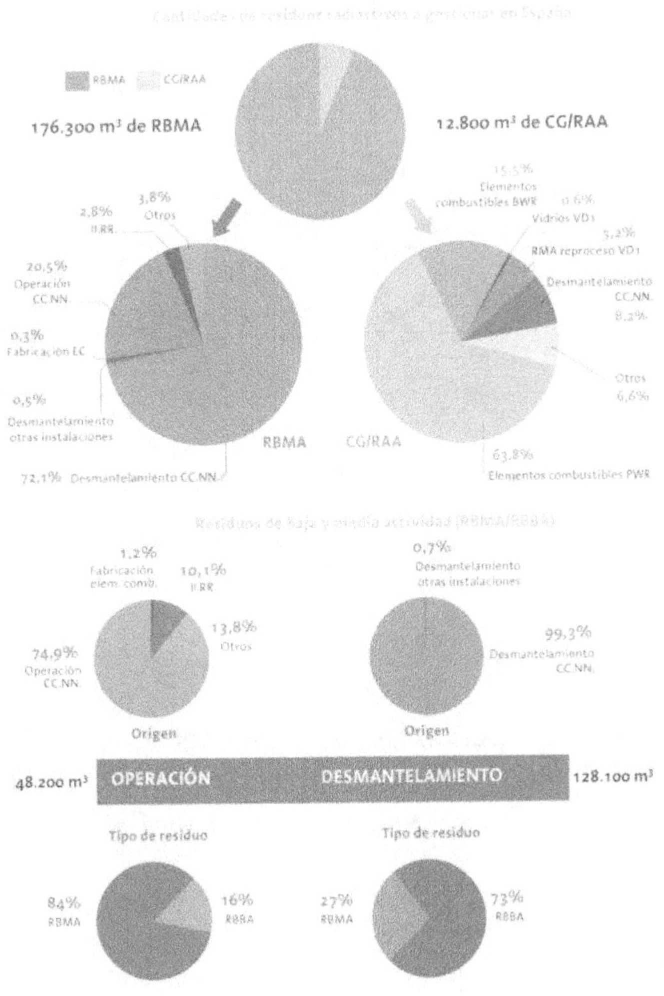

Figura 49. Cantidades de residuos a gestionar en España

En la Figura 49 se establecen, gráficamente, las proporciones de residuos radiactivos en función de su actividad, así como los orígenes de los mismos. En la parte inferior se muestra el detalle de los residuos de baja y media actividad.

6. 3. Gestión de los residuos radiactivos en España.

En 1984 se creó la Empresa Nacional de Residuos Radiactivos, S.A. (ENRESA) para gestionar (tratar, acondicionar y almacenar) los residuos radiactivos que se producen en cualquier punto del país. También se ocupa del desmantelamiento de centrales nucleares cuando su vida útil ha terminado, así como de la restauración ambiental de minas e instalaciones relacionadas con el uranio.

Etapas de la Gestión de los Residuos

Las etapas de la gestión de los residuos son siete:

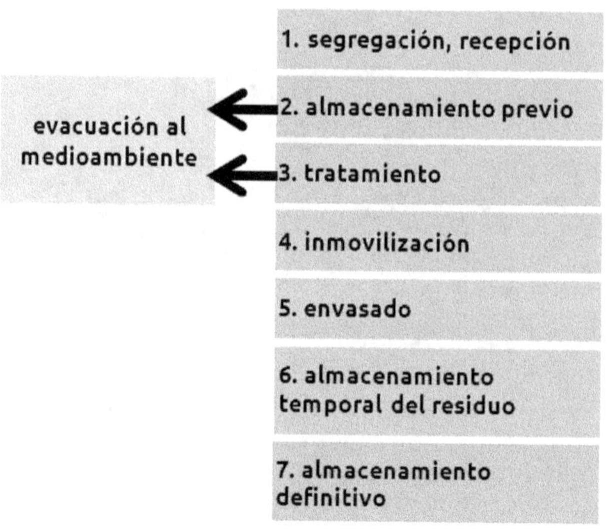

Figura 50. Etapas de la gestión de los residuos

1) Segregación y recepción: La correcta segregación de los residuos según su nivel de actividad y duración, repercute en la disminución del coste de la gestión y mejora la eficiencia del proceso global de tratamiento.

2) Almacenamiento previo: En esta etapa se produce el decaimiento de los residuos radiactivos de vida corta. Tras este tiempo de almacenamiento los niveles de radiactividad no superan los

mínimos exigidos y dejan de considerarse residuos radiactivos. Para el resto de residuos de media y alta actividad en esta etapa las dosis y su temperatura disminuyen exponencialmente. Esto facilitará su tratamiento para las siguientes fases.

3) Tratamiento: Para reducir el volumen final de residuo radiactivo generado, es necesario cortarlo, trocearlo y descontaminarlo durante el desmantelamiento, reduciendo el volumen inicial hasta un 30%. Los residuos líquidos de muy poca actividad, son diluidos sin superar los niveles de vertido autorizados, con el fin de poder dispersarlos en el medio ambiente sin aumentar los niveles del fondo natural.

4) Solidificación o inmovilización: En esta fase se mezcla el residuo contaminado con una sustancia inmovilizante que confina al residuo. Principalmente se usa cemento y productos con polímeros para los residuos de baja y media actividad; y vidrio o materiales metálicos para los residuos de alta actividad.

5) Envasado: En función de la naturaleza físico-química del residuo radiactivo se elige el tipo de contenedor idóneo en volumen y en estructura. Pueden tratarse de bidones de 220 l, contenedores de 25 l y otros con características que se adaptan al tipo de residuo.

6) Almacenamiento temporal del residuo: Antes de su almacenamiento definitivo, los contenedores o bidones de residuos son almacenados en instalaciones especiales durante un tiempo variable, durante el cual se verifica que no existan fugas o fallos de envasado, y se espera que su actividad decaiga más aún para facilitar el transporte final.

7) Almacenamiento definitivo. Aislamiento y confinamiento de los residuos mediante una serie de barreras físico-químicas entre el residuo y el ambiente.

- Barrera Química. Primera barrera del almacenamiento, formada por solidificación o inmovilización de los residuos radiactivos, generando un bloque monolítico con características y propiedades establecidas por las autoridades competentes.

- Barrera Física. El bloque monolítico se deposita dentro de contenedores especiales de acero de alta resistencia, que forman la segunda barrera.

Figura 51. Llenado de unidades de almacenamiento con bidones de 220l y posterior llenado de celdas de almacenamiento en El Cabril

- Barrera de Ingeniería. Obras de ingeniería realizadas en el almacén definitivo de residuos, consistente en estructuras, blindajes y materiales absorbentes y de sellado que evitan el contacto del agua con los residuos y el paso de ésta al exterior, como muros de hormigón reforzado.

- Barrera Geológica. Constituida por la parte de la corteza terrestre donde se sitúan los residuos, que deben cumplir una serie de especificaciones para que se asegure la estabilidad geológica del emplazamiento.

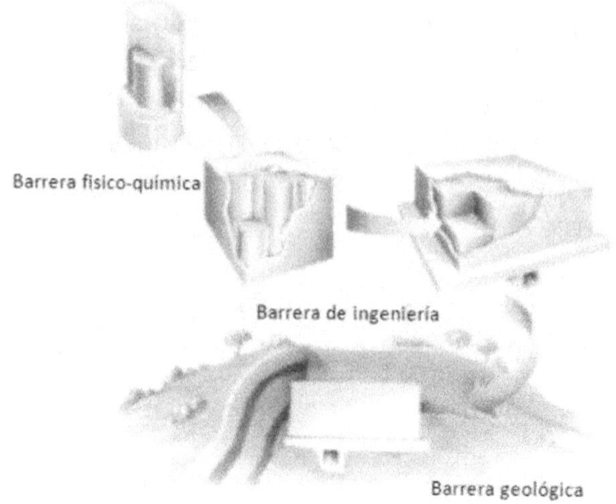

Figura 52. Representación de las distintas barreras de contención de la radiactividad de los RBMA

En el caso de España, todos los residuos radiactivos de baja y media actividad se trasladan al Centro de Almacenamiento de El Cabril (Córdoba). Este centro sólo admite residuos radiactivos con periodos de semi-desintegración inferiores a 30 años o bien residuos cuyo contenido en sustancias radiactivas de vida larga sea muy bajo. Los RBBA son almacenados para que su actividad decaiga a valores que permitan desclasificarlos como residuos radiactivos y pasen a ser residuos sólidos urbanos, o para inmovilizarlos y almacenarlos definitivamente si superan los límites legales.

Respecto a los residuos RAA, actualmente se están almacenando en las piscinas de combustible gastado de las Centrales Nucleares, o en Almacenes Temporales Individualizados (ATI), como los de C.N. José Cabrera, C.N. Ascó y C.N. Trillo.

Figura 53. Ubicación de las instalaciones de El Cabril

Se estima que en el año 2015 entre en funcionamiento el Almacén Temporal Centralizado (ATC), ubicado en el municipio de Villar de Cañas (Cuenca). El ATC permitirá almacenar convenientemente el combustible gastado por períodos de hasta 100 años, aunque actualmente está autorizado para 60. Se trata de una instalación pasiva, en la que no se producen gases, ni humos, ni procesos químicos, ni contaminación. En Enero de 2012 se aprobó su ubicación en el municipio de Villar de Cañas.

Una vez almacenados en el ATC su gestión puede encaminarse por dos vías distintas, la del reciclado del combustible (ciclo cerrado) y la de su consideración como residuo final (ciclo abierto).

El ciclo abierto implica que en ese emplazamiento se podrán almacenar los elementos de combustible gastados generados por las Centrales Nucleares hasta la construcción del Almacenamiento Geológico Profundo (AGP). El AGP es una instalación a profundidades de 500 a 1000 m bajo tierra que permite, mediante una serie de galerías y alvéolos, la pérdida de calor y disminución de actividad del combustible. La barrera geológica contemplada es principalmente granito, arcilla o sales cristalizadas que aseguren la ausencia de agua y garanticen la estabilidad de los residuos, sin riesgo de terremotos. Se prevé el inicio de la construcción del AGP a partir del año 2050.

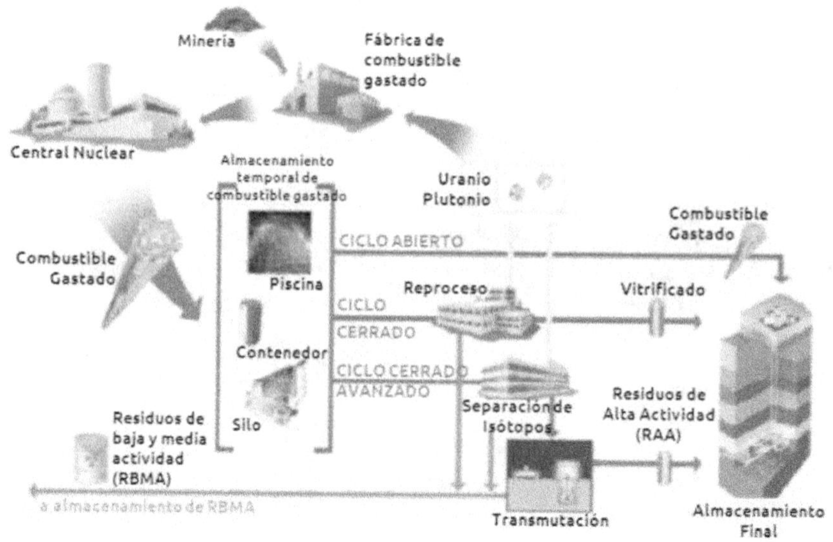

Figura 54. El ciclo del combustible nuclear

En el ciclo cerrado, tras el almacenamiento temporal, se recupera el uranio y plutonio que permanecen en dicho combustible gastado separándolo mediante el proceso denominado reelaboración y obteniendo un nuevo combustible denominado MOX. Una vez gastado el nuevo combustible, a base de MOX, pasaría al ATC y, luego, al AGP. Aunque se reduce el volumen de los residuos y su peligrosidad, este proceso aún no está contemplado en España.

Existe también un ciclo cerrado más avanzado, en fase de investigación, que consideran la reutilización de otros elementos radiactivos, además del uranio y plutonio, presentes en el combustible gastado y de elevada radiactividad. El combustible que se obtendría de este ciclo avanzado se utilizaría en sistemas específicos, como los reactores rápidos o los sistemas subcríticos ADS, para transmutar los elementos con largas vidas medios en elementos de vida corta, o incluso no radiactivos.

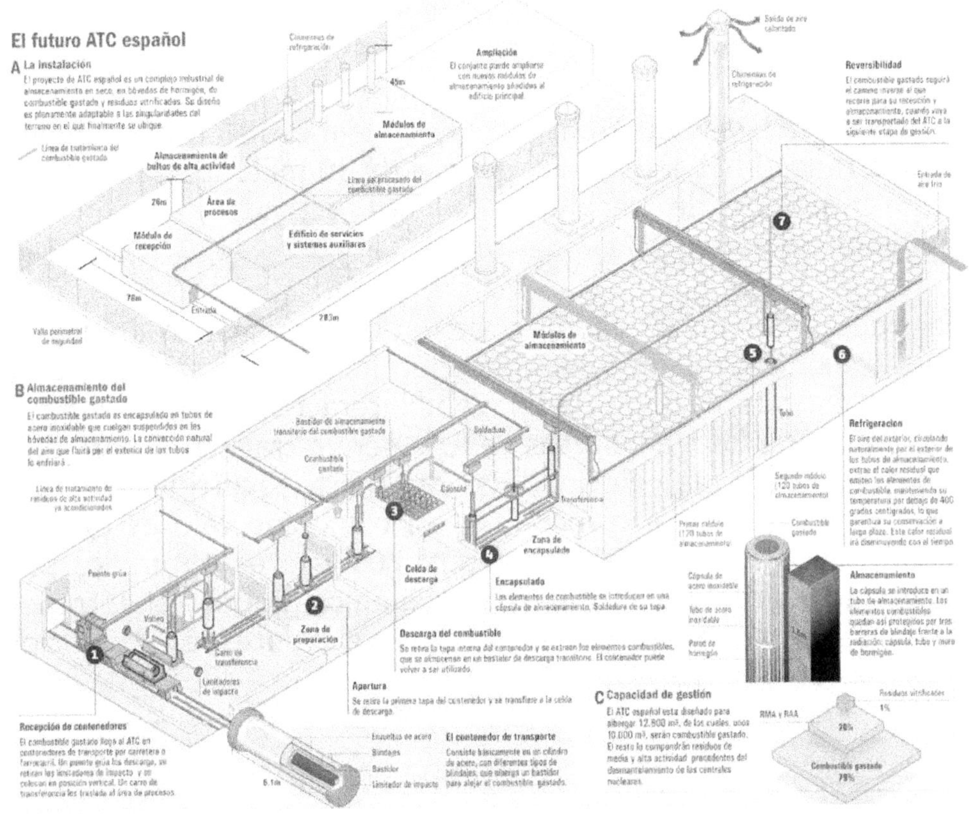

Figura 55. Esquema del ATC de Villar de Cañas

Transporte de Residuos Radiactivos de Alta Actividad

Entre cada una de las fases del combustible nuclear, es necesario llevar a cabo una actividad fundamental, como es su transporte. Dada la naturaleza del mismo, es necesario analizar los impactos que se producen.

El transporte de Residuos Radiactivos de Alta Actividad comienza una vez operativo el Almacén Temporal Centralizado. Para el transporte se emplean contenedores capaces de garantizar su integridad ante las siguientes incidencias:

- Caída libre desde 9 metros de altura.

- Caída libre desde 1 metro de altura sobre un punzón de acero.

- Resistencia al fuego a 800 °C durante 30 minutos.

- Impacto de una locomotora contra él a 130 km/h.

- Pruebas de inmersión a diferentes profundidades.

La seguridad en el transporte es primordial y ha quedado demostrado al haberse realizado más de 30 millones de kilómetros de transportes de residuos de alta actividad, sin incidente radiológico alguno.

Un equipo de investigadores de la Universidad Politécnica de Madrid ha desarrollado una aplicación informática de libre acceso en Internet que, a través de un mapa interactivo, evalúa el impacto radiológico de los transportes de RAA según trayectos. Para ello se tienen en cuenta la velocidad, las distancias recorridas, la tasa de dosis a un metro del transporte, así como los valores de riesgo promediados sobre la salud humana. Los valores obtenidos por el programa indican que el impacto radiológico global y el detrimento de la salud de las personas no son relevantes en condiciones normales de transporte.

6. 4. Periodo de operación de una central nuclear

Al hablar del periodo de funcionamiento de una central nuclear se distingue entre vida de diseño y vida útil. La vida de diseño es el periodo de tiempo empleado en la fase de diseño de la central que designa el plazo en que la central nuclear funcionará con las debidas garantías de seguridad y de fiabilidad. En general, para las centrales nucleares españolas y del resto del mundo, este periodo es de 40 años. La vida útil es el periodo de tiempo total de operación de la instalación cumpliendo todos los requisitos y normas de seguridad. Durante la fase de diseño de una central nuclear se realizan una serie de pruebas y ensayos que permiten asegurar que al finalizar su vida de diseño, la central podrá funcionar de manera segura. El funcionamiento real de la planta permite comprobar que los equipos trabajan bajo condiciones menos severas que las supuestas en el diseño, siendo su grado de envejecimiento inferior al previsto. En consecuencia, con un adecuado control del envejecimiento de los componentes, se pueden obtener garantías suficientes de que la vida útil de la central puede ser superior a la vida de diseño.

Por otro lado, la vida de diseño de 40 años, prevista inicialmente para una central nuclear, ha resultado ser una previsión conservadora. Con el tiempo, las mejoras técnicas introducidas en los diferentes equipos y componentes han probado que la planta experimenta menos situaciones de condiciones severas de funcionamiento que las previstas inicialmente.

Hoy en día el periodo de funcionamiento de una central nuclear está por encima de los 40 años previstos en su diseño original. Los organismos reguladores reconocen que el continuo y exhaustivo seguimiento del comportamiento de los equipos, junto con la extensión de vida de dicha instalación, es garantía suficiente de correcto funcionamiento y estado seguro de la misma.

6. 5. Desmantelamiento de instalaciones nucleares

El proceso de desmantelamiento de cualquier instalación nuclear y/o radiactiva está sujeto a una estricta regulación que especifica el alcance de los trabajos en cada etapa. La Empresa Nacional de Residuos Radiactivos (ENRESA) es la encargada de acometer todos los trabajos de desmantelamiento de la instalación. Dicho proceso de desmantelamiento consiste en un conjunto ordenado de acciones técnicas realizadas por etapas, necesarias para desmontar las estructuras, sistemas y componentes de una instalación nuclear o radiactiva, después de su cierre, reduciendo progresivamente el riesgo radiológico del emplazamiento.

La primera actividad a desarrollar una vez parada la central es la descarga de combustible del reactor. En el caso de no destinar el combustible gastado a plantas de reproceso, éste debe almacenarse en las piscinas de la propia central o en contenedores destinados al efecto.

Es necesario cuantificar el inventario radiactivo existente en la instalación en el momento de la parada. Para ello se procede a la clasificación y/o desclasificación radiológica de los materiales, a la determinación de los factores de contaminación, a la estimación del volumen de residuos generados, al cálculo de dosis a trabajadores y necesidades de blindajes.

Se realiza una exhaustiva clasificación de los residuos radiactivos atendiendo a su nivel de contaminación. Se dividen en materiales convencionales, con nivel de contaminación por debajo del umbral autorizado y gestionados como un residuo industrial convencional, materiales débilmente contaminados y por lo tanto, susceptibles de descontaminación, y residuos radiactivos propiamente dichos, que serán sometidos a un proceso de caracterización y almacenamiento, según su naturaleza, en los centros autorizados. Otros residuos, los líquidos y gaseosos serán sometidos a diversos tratamientos de descontaminación previos a su vertido controlado.

La exposición de los trabajadores en el proceso de desmantelamiento puede ser significativa y por tanto, siguen teniendo gran importancia las técnicas de protección radiológica y los criterios ALARA, además de la consideración del paso del tiempo en el decaimiento de los elementos radiactivos. Por otro lado, no se deben obviar todos los criterios de prevención de riesgos por cuanto el desmantelamiento no deja de ser una actividad industrial con el riesgo que esto conlleva.

El Organismo Internacional de Energía Atómica (OIEA) define tres niveles de desmantelamiento hasta la clausura total de una central nuclear:

- Nivel 1: Cierre de la instalación y permanente vigilancia tanto radiológica como física del emplazamiento. Se retira el combustible gastado, se llevan a cabo las tareas de drenaje de líquidos de todos los circuitos de la instalación y se desconectan los sistemas de explotación. En este nivel permanecen en perfecto estado todas las barreras contra la dispersión de la contaminación tal y como estaban durante la explotación.

- Nivel 2: Utilización parcial y condicional del emplazamiento. Descontaminación de componentes y edificios, y colocación de una barrera biológica de protección alrededor del reactor. En este nivel, la vigilancia física es menor pero no así la vigilancia radiológica ambiental que permanece inalterada.

- Nivel 3: Utilización total sin restricciones del emplazamiento. Descontaminación masiva de material, equipos y edificios que preceden a la demolición de los mismos. Rehabilitación total de la zona para un nuevo o igual uso siempre que los niveles de contaminación sean inferiores al límite autorizado. La vigilancia radiológica de la instalación disminuye hasta desaparecer mientras desciende el nivel de radiación en el emplazamiento.

6. 6.   Conclusiones

Los residuos radiactivos son residuos peligrosos por el contenido de isótopos que generan radiaciones ionizantes. Se clasifican en: RBBA, RBMA y RAA. La gestión de los residuos consta de las etapas de segregación y recepción, almacenamiento previo, tratamiento, solidificación o inmovilización, envasado, almacenamiento previo del residuo acondicionado y almacenamiento definitivo.

En España, la gestión de los residuos radiactivos la lleva a cabo ENRESA. Los RBBA y RBMA se almacenan en el C.A. El Cabril (Córdoba). Los RAA se almacenan temporalmente en piscinas, ATI y ATC. Tras eso se gestionan según el ciclo del combustible nuclear: abierto (AGP), cerrado (reelaboración y AGP), cerrado avanzado (transmutación y AGP).

Para los RAA, en España se prevé construir un ATC en 2016 y un AGP en 2050. Las centrales nucleares son diseñadas para una cierta vida de funcionamiento, en general, de 40 años. El funcionamiento real de la planta así como las buenas prácticas de operación y mantenimiento, permiten comprobar que es posible la extensión de vida de operación de la misma más allá de estos 40 años estimados inicialmente.

Numerosas centrales nucleares de todo el mundo están implantando programas de extensión de vida para conseguir su operación a largo plazo.

6. 7.   Bibliografía y recursos web

- UNSCEAR, the United Nations Scientific Committee on the Effects of Atomic Radiation (*www.unscear.org*)

- Diccionario inglés-español sobre Tecnología Nuclear. Ed. TECNATOM y Foro de la Industria Nuclear Española. A. Tanarro Sanz y A. Tanarro Onrubia. 2ª Edición. Madrid. 2008

- Calleja, J.A. y Gutiérrez, F. (2010), Impacto Radiológico asociado al transporte de materiales radiactivos por carretera en España, *Radioprotección*, N° 17, páginas 46-51.

- Resultados y Perspectivas Nucleares. 2008. Un año de energía. Foro Nuclear. 2009

- Operación a Largo Plazo de las Centrales Nucleares Españolas. Foro Nuclear 2009

- Energía 2009. Foro Nuclear 2009

- VI Plan General de Residuos Radiactivos. ENRESA. Junio 2006

- Origen y Gestión de Residuos Radiactivos. Colegio Oficial de Físicos. Madrid. 2000

- Restauración de antiguas minas de uranio. Madrid 2000

- Fábrica de uranio de Andújar. Madrid 2000

- International Atomic Energy Agency (IAEA). Power Reactor Database Information System (PRIS) Database. 2009

- Foro de la Industria Nuclear Española (*www.foronuclear.org*)

- Empresa Nacional de Residuos Radiactivos (ENRESA) (*www.enresa.es*)

- Consejo de Seguridad Nuclear (*www.csn.es*)

- Radiological impact associated with the transport of spent nuclear fuel by road in Spain (impactoradiologico.com)

7. Centrales nucleares del futuro

Desde el inicio del uso de la energía nuclear para producir electricidad, no se ha dejado de mejorar la seguridad y la eficiencia de los reactores nucleares a través de mejores combustibles, materiales avanzados y tecnologías más modernas.

En el proceso de diseño de centrales siempre se mantienen como objetivos el mejor aprovechamiento del combustible, la menor radiotoxicidad de los residuos generados, mejores rendimientos de los equipos y sistemas de las centrales, mayor seguridad, así como generar aplicaciones secundarias del calor generado en la fisión.

Mientras que a medio plazo las futuras centrales nucleares serán evoluciones mejoradas de las centrales actuales incluyendo sistemas de seguridad activa y pasiva, en el largo plazo serán sistemas nucleares innovadores que supondrán un salto tecnológico por sus diseños, componentes y funcionamiento.

Debido a la evolución de la ciencia y la tecnología nuclear se habla de diferentes generaciones de centrales nucleares.

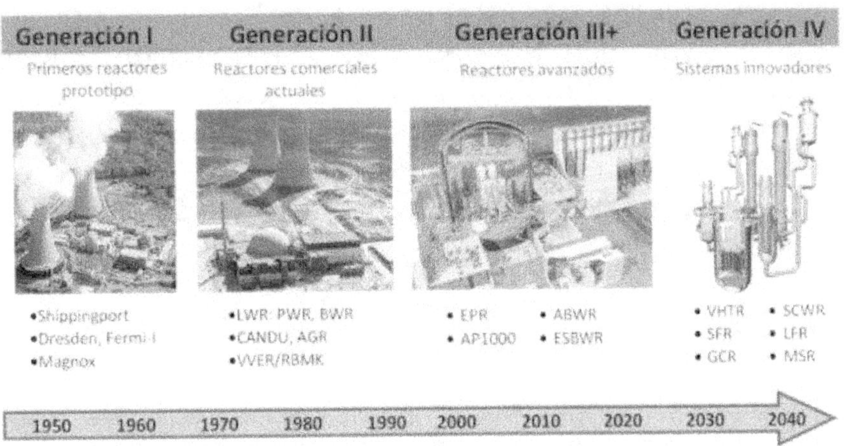

Figura 56. Evolución de las centrales nucleares

Generación I

Encuadra a los primeros prototipos de centrales nucleares de baja potencia que pretendían evaluar su viabilidad técnica y económica. Se desarrollaron entre los años 50 y 60 del siglo XX. Se propusieron muchos diseños con diferentes combustibles, refrigerantes, materiales y componentes. Pero debido a problemas tecnológicos (i.e. materiales que no soportaban altas temperaturas y presiones, refrigerantes incompatibles con materiales estructurales a los que corroían), algunos de esos diseños se tuvieron que abandonar. Otros por el contrario mostraron excelentes propiedades y fueron desarrollados a escala comercial.

Generación II

Agrupa a las primeras centrales comerciales y a la mayoría de centrales que actualmente están en operación en el mundo. La característica general de esta generación es su espectro térmico. Están refrigerados por agua o gas, moderados por agua o grafito y utilizan uranio natural o enriquecido como combustible. Con el avance de los años de operación y la experiencia generada han logrado un alto nivel de seguridad y rendimiento.

Generación III

Se trata de centrales similares a las de Generación II, pero que incluyen mejoras evolutivas desarrolladas gracias a la experiencia con las centrales actuales. Poseen diseños más simplificados que reducen el coste de capital de su puesta en funcionamiento. Uno de los mayores aportes de esta generación son los sistemas de seguridad pasivos, que no dependen de la acción forzada de bombas o sistemas externos, sino que se activan automáticamente por fenómenos naturales (convección natural, gravedad, etc.). Ésta es la generación de reactores que se están construyendo desde finales de la década de los noventa y que se verán construir en el corto y medio plazo.

Generación IV

Esta generación incluye una amplia variedad de sistemas innovadores nucleares que tienen como objetivo cubrir la creciente demanda energética en el mundo con una fuente limpia, segura y económica. La tecnología y la industria ha avanzado mucho desde los primeros pasos de la energía nuclear y muchos retos tecnológicos que en aquel inicio obstaculizaron el desarrollo de algunos diseño se han logrado superar. Diseños conceptuales que se barajaron en aquel momento se vuelven a retomar para su estudio. Se espera que empiecen a estar operativos en el largo plazo (segunda mitad del siglo) por lo que todavía tienen un extenso periodo de tiempo para su estudio, desarrollo y comprobación de su viabilidad.

Puesto que cada día más países con diferentes necesidades y recursos confían en la energía nuclear, las centrales nucleares del futuro incluyen un variado abanico de diseños con potencias eléctricas pequeñas (<300 MWe), medias (300 MWe<P<700 MWe) y altas (>700MWe).

7.1. La generación III

La primera central de generación III está en operación desde 1996 en Japón. Actualmente hay centrales construyéndose en Europa, Asia y EEUU. Esta generación consiste principalmente en centrales con reactores evolutivos refrigerados por agua ligera.

Presentan un diseño estandarizado que agiliza las licencias, reduce el coste de capital y el tiempo de construcción. Tienen un diseño más simple y robusto que las hace más fáciles de operar y menos vulnerables ante transitorios operacionales. Presentan una mayor disponibilidad y una mayor vida de diseño (por lo general de 60 años). Su probabilidad de daño al núcleo es 10 veces menor que para las centrales actuales.[2]

Incorporan sistemas de seguridad avanzados que aplican la filosofía de defensa en profundidad, ya sea a través de sistemas redundantes, o con características de seguridad intrínseca o pasiva.

---

[2] El regulador norteamericano (US-NRC) exige una frecuencia de daño al núcleo (Core Damage Frequency, CDF) de $1 \cdot 10^{-4}$. La mayoría de las centrales actuales tienen una CDF de $5 \cdot 10^{-5}$ y las plantas de Generación III tienen valores con un orden de magnitud por debajo de esa frecuencia. El objetivo de seguridad de la IAEA para futuras centrales es $1 \cdot 10^{-5}$.

Los sistemas tradicionales de seguridad son activos en el sentido de que requieren una activación mecánica o eléctrica, mientras que, por el contrario, los sistemas intrínsecos o pasivos no requieren controles activos o intervención operacional para su activación. Su funcionamiento está asegurado bajo cualquier circunstancia porque no dependen de componentes susceptibles de fallo (como las bombas o generadores diésel), sino que están basados en fenómenos como la gravedad, la convección natural o la resistencia a altas temperaturas.

Los reguladores europeos están incrementando los requisitos de seguridad de los diseños avanzados de reactores nucleares incluyendo salvaguardias tecnológicas como el colector del corium[3] o sistemas similares que, en caso de accidente con fusión del núcleo y pérdida de la integridad de la vasija, recoja el corium, lo retenga y lo enfríe estabilizándolo en forma sólida.

Los nuevos reactores evolutivos de agua en ebullición incluyen el ABWR (Advanced Boiling Water Reactor) de Toshiba y General Electric (hay cuatro unidades en operación en Japón[4] y otras dos en construcción en Taiwán), el BWR 90+ de Westinghouse, el reactor pasivo ESBWR de GE (Generación III+), y el reactor simplificado KERENA de AREVA. Los reactores avanzados de agua a presión incluyen el AP1000 de Westinghouse, el EPR de AREVA, el APR1400 surcoreano, el APWR de Mitsubishi y el VVER-1200 ruso. Además hay que añadir los reactores avanzados de agua pesada ACR canadiense y AHWR indio, así como los reactores de alta temperatura refrigerados por gas, el HTR-PM chino y el GT-MHR norteamericano.

EPR

El EPR de AREVA es un reactor de tecnología PWR, y su origen viene de la experiencia adquirida con los diseños franceses de Framatome

---

[3] Masa, derretida o solidificada, formada por combustible nuclear, materiales estructurales o de control y productos de reacción de los mismos, que se produce por la fusión total o parcial del núcleo de un reactor, como consecuencia de un accidente con pérdida de refrigeración.
[4] A fecha de edición de este libro, todas las centrales nucleares japonesas están paradas. Se encuentran en fase para mejorar su respuesta ante hipotéticos eventos extremos.

y los alemanes de Siemens-KWU. Tiene una potencia térmica de 4590 MWt, y una potencia eléctrica neta de 1630 MWe, la mayor potencia de los reactores construidos hasta la actualidad. Es un diseño de cuatro lazos con flexibilidad para hacer seguimiento de carga, lograr un nivel de quemado de combustible de 65 GWd/t con una alta eficiencia térmica (entre 36 y 37%).

Puede utilizar combustible MOX en el 100% de sus elementos combustibles y la disponibilidad esperada es del 92% en sus 60 años de vida de servicio.

Tiene una doble contención y cuatro sistemas de seguridad activos redundantes y separados físicamente en cuatro edificios auxiliares independientes. Cada uno de ellos es capaz por sí solo de refrigerar el núcleo en caso de fallo del resto de trenes.

Cuenta con un colector de corium bajo la vasija del reactor. La contención y dos de los edificios auxiliares están protegidos frente a ataques externos de aviones. Los generadores diésel primarios tienen combustible suficiente para operar ininterrumpidamente durante 72 horas y los secundarios de apoyo para 24 horas más. En el tercer nivel están las baterías de apoyo que aportan energía durante 12 horas.

Figura 57. Reactor EPR y los cuatro trenes de seguridad

Actualmente se está construyendo en Olkiluoto (Finlandia), en Flamanville (Francia), y dos unidades en Taishan (China).

AP1000

El AP1000 de Westinghouse, es un reactor de agua a presión PWR de dos lazos con 3400 MWt de potencia térmica y 1250 MWe de potencia eléctrica neta. Tiene características de seguridad pasiva y extensas simplificaciones de la planta que mejoran la construcción, reducen el número tuberías, válvulas y otros componentes y facilitan la operación y el mantenimiento.

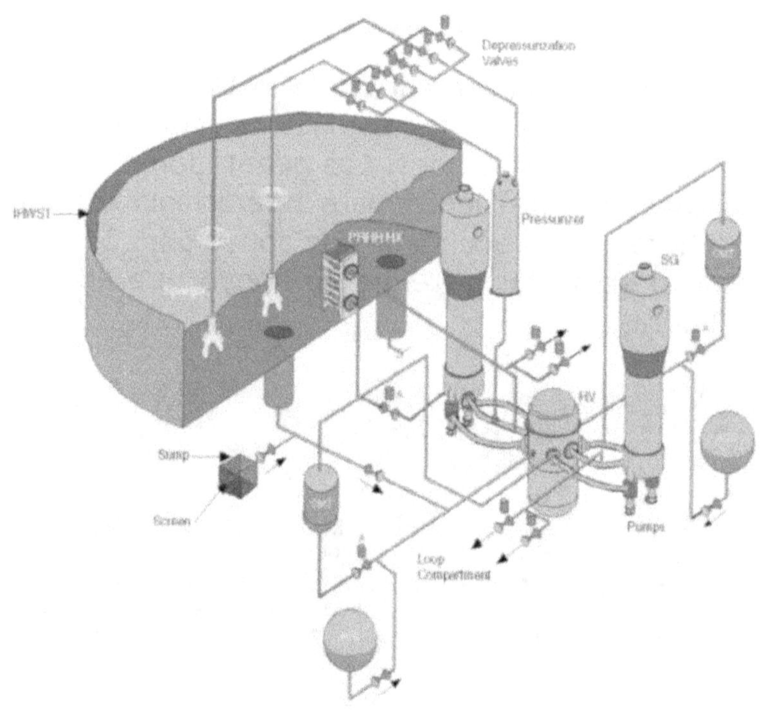

Figura 58. Esquema de los sistemas de seguridad del AP1000

Sus sistemas de seguridad están basados en protecciones pasivas que alcanzan un alto grado de seguridad ya que hacen innecesarias las fuentes de energía de emergencia (normalmente varios grupos diésel). Si la refrigeración forzada de las bombas fallara, la circulación natural sería capaz de refrigerar el núcleo durante las primeras 72 h sin necesidad de ninguna acción humana gracias al tanque de agua superior que posee.

En caso de accidente la refrigeración en el edificio de contención también se realiza de forma pasiva gracias a la convección natural y la condensación. En caso de fusión del núcleo, el corium se retiene dentro de la vasija, que se refrigera externamente con agua.

Se están construyendo cuatro AP1000 en China (Sanmen y Haiyang) y otras cuatro en EE.UU. (Vogtle y V.C. Summer).

ABWR (Advanced Boiling Water Reactor)

El reactor ABWR es un reactor de agua ligera en ebullición (BWR) de GE Hitachi Nuclear Energy. Tiene una potencia térmica de 3920 MWt y una potencia eléctrica de 1380 MWe. Su rendimiento varía entre el 34 y 35%. Este diseño responde de manera completamente automática ante accidentes de pérdida de refrigerante (sin necesidad de operadores durante 3 días) y tiene un mejor control de potencia y un diseño de la vasija y de sus componentes mucho más sencillo que las centrales BWR actuales. Existen variantes en el diseño y algunos de ellos incluyen el colector de corium.

Actualmente existen en Japón cuatro unidades operativas[5] y hay en construcción 6 más en Japón y Taiwan.

ESBWR (Economic Simplified Boiling Water Reactor)

El reactor ESBWR de GE Hitachi Nuclear Energy es de tipo agua ligera en ebullición con una potencia térmica de 4500 MWt y 1520 MWe de potencia eléctrica neta. Funciona de manera pasiva por gravedad, evaporación y condensación y no necesita bombas de circulación. Esto simplifica mucho el funcionamiento y la seguridad, puesto que se reduce la probabilidad de fallo del sistema.

Este diseño es capaz de mantener la refrigeración durante 6 días después de la parada del reactor sin necesidad de corriente externa o baterías de apoyo. Su frecuencia de daño al núcleo es 10^{-6} y la frecuencia de daño al núcleo con emisión al exterior $2 \cdot 10^{-8}$.

---

[5] A fecha de edición de este libro, están paradas a la espera de autorizaciones de arranque tras la parada de Marzo de 2011.

En caso de accidente severo el sistema pasivo de refrigeración del núcleo garantiza el retorno al núcleo del agua evaporada. Una estructura de tuberías situada bajo la vasija refrigeraría con agua el reactor en caso de fusión del núcleo. Su vida de diseño es de 60 años son un factor de disponibilidad de 95 %.

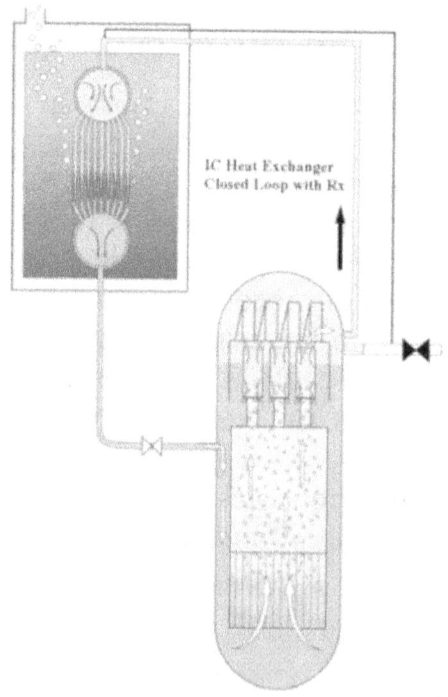

Figura 59. Esquema de funcionamiento normal del ESBWR

Reactores Modulares

Hay un creciente interés por reactores modulares pequeños (Small Modular Reactors, SMR) para generar electricidad y calor de proceso. Agrupan a una amplia variedad de sistemas que tienen en común la simplificación de sus diseños y la presencia de sistemas de seguridad intrínseca o pasiva.

Los SMR requieren una menor inversión de capital inicial para la construcción ya que el coste del capital y de fabricación de los componentes modulares es más bajo y la duración de la construcción es menor (aproximadamente 18 meses).

Gracias a la escalabilidad son más flexibles a la hora de seleccionar el emplazamiento. Resultan muy convenientes para regiones aisladas de los grandes sistemas de distribución o para zonas donde es necesaria la energía pero no se tiene la infraestructura necesaria para instalar una planta nuclear de gran tamaño. Se pueden acoplar a otras fuentes de energía (renovables o combustibles fósiles) para mejorar el uso de los recursos y lograr mayores eficiencias en los procesos de fabricación de productos con distinto nivel de energía.

Permiten otras aplicaciones diferentes a la producción de electricidad como la generación de calor para procesos industriales (plantas petroquímicas, extracción de petróleo de pizarras bituminosas, plantas de desalinización de agua de mar, etc.)

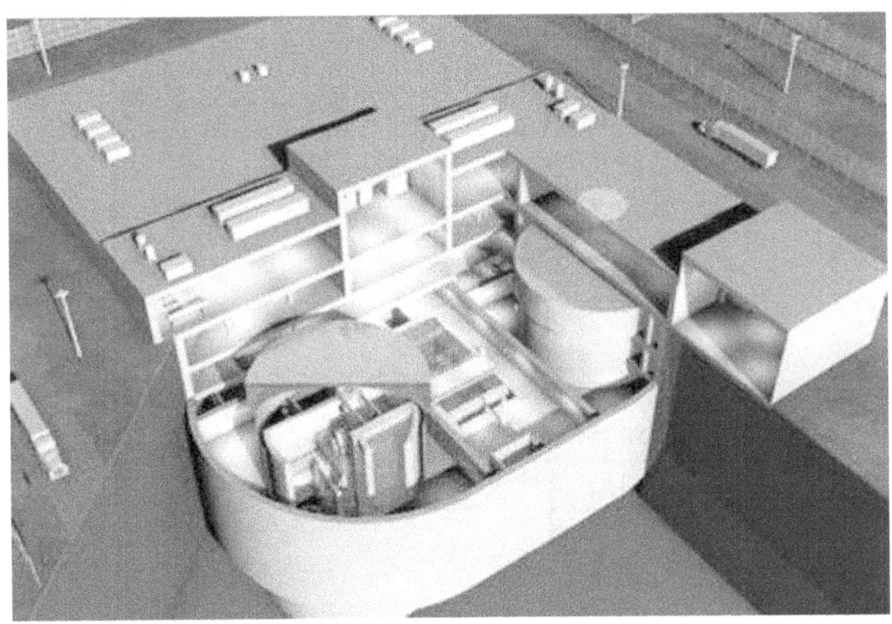

Figura 60. Esquema de la instalación SMR mPower con dos unidades

7.2. La generación IV

Los sistemas de Generación IV suponen un avance significativo respecto a los reactores actuales y a sus evolutivos en cuanto a sostenibilidad, seguridad, fiabilidad, economía, no proliferación y protección física.

La idea conceptual de estos sistemas se barajó en el inicio del desarrollo nuclear, pero gracias a los avances tecnológicos de las últimas décadas ahora se pueden volver a retomar superando las carencias que presentaron en el pasado.

Tendrán que cumplir los requisitos de seguridad cada vez más exigentes de los organismos reguladores, suministrar energía fiable a un precio competitivo y tener el mínimo impacto sobre el medioambiente. Su operación comercial extendida se espera para la segunda mitad del siglo.

La seguridad en los sistemas de cuarta generación proviene de los propios diseños de los reactores. La disposición y configuración de los componentes y estructuras, las propiedades físicas de los distintos materiales, las características del combustible, etc. hacen que la respuesta del conjunto del sistema ante cualquier situación sea la parada segura y control pleno sobre los productos radiactivos que se acumulan en el combustible.

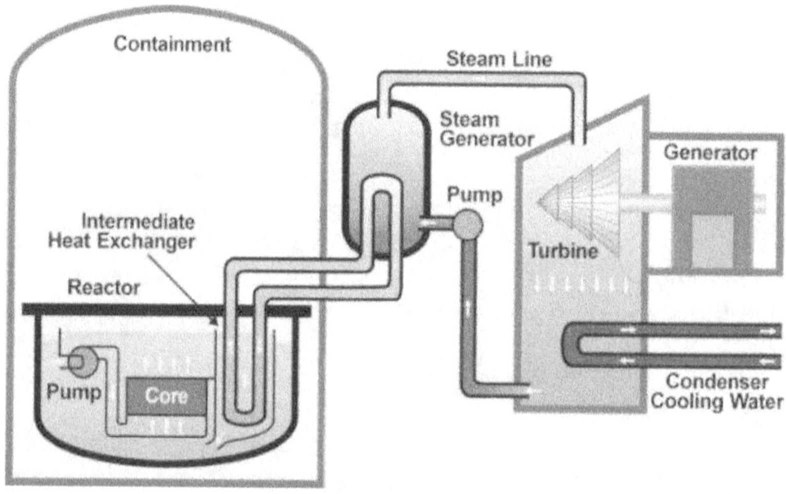

Figura 61. Reactor rápido refrigerado por sodio (SFR)

Un ejemplo de la seguridad por diseño es el caso de los reactores refrigerados por metales líquidos donde el núcleo del reactor se encuentra sumergido en una vasija de tipo piscina. Con este diseño el núcleo del reactor siempre permanece cubierto por el refrigerante evitando la pérdida de refrigerante que rodea al núcleo. Además debido al tamaño, volumen y propiedades del refrigerante, éste se podría mover por convección natural. En la Figura 61 se puede ver este esquema.

Habitualmente el combustible usado en los reactores actuales es óxido de uranio, sin embargo también se han probado y se están estudiando otros combustibles como los metálicos con zirconio y uranio. Los metales al tener mejor conductividad térmica que los óxidos permiten que las temperaturas máximas del combustible durante la operación sean más bajas. Esto da más margen a la operación antes de que se alcance la temperatura de fusión del combustible.

En el caso de los materiales para la varilla que alberga a las pastillas de combustible también se están estudiando materiales nuevos que soporten mayores tensiones, temperaturas e irradiación neutrónica sin que apenas varíen sus propiedades estructurales.

Respecto a los fluidos refrigerantes, no sólo se considera el agua o el gas, también se incluyen metales líquidos y sales fundidas con buenas propiedades de transmisión de calor. Una característica recomendable de los refrigerantes líquidos es que se mantengan en fase líquida en el mayor rango posible de temperaturas alrededor de la temperatura de operación del reactor, ya que un cambio de fase del refrigerante podría provocar efectos indeseados en la potencia. El sodio es un metal que se mantiene en fase líquida en un rango de 750°C y el plomo durante 1400°C. Además sus temperaturas de ebullición son altas por lo que conceden más margen de seguridad para que otros sistemas entren en funcionamiento y eviten accidentes.

Los diseños más destacados para la generación IV son: el reactor rápido refrigerado por sodio (SFR), el reactor rápido refrigerado por plomo (LFR), el reactor de sales fundidas (MSR) y el reactor de muy alta temperatura (VHTR).

Los reactores de espectro rápido aprovechan más el recurso de uranio y por tanto reducen las necesidades de combustible. Eso se debe a las propiedades del espectro neutrónico rápido que permite generar material físil a partir del isótopo mayoritario del uranio, el ^{238}U. De esta forma se usa más eficientemente el uranio que en los actuales reactores de agua ligera.

Además, el espectro rápido también favorece la eliminación de aquellos de isótopos pesados que más contribuyen a la alta radiotoxicidad del combustible nuclear gastado.

Tales son las ventajas del espectro rápido desde el punto de vista de sostenibilidad, que todos los diseños considerados para cuarta generación (a excepción del VHTR) apuestan por él. Incluso los diseños originalmente pensados para el espectro térmico, como es el caso del MSR, empiezan a considerar dicho espectro de funcionamiento.

Entre los diseños de reactores de espectro rápido, el reactor de sodio es el que cuenta con más años de experiencia comercial ya que ha funcionado o funciona actualmente en Francia (Superphenix y Phenix), en Japón (Joyo y Monju) y en Rusia (BN-80 y BN-350).

El reactor de muy alta temperatura (VHTR) está refrigerado por helio y moderado por grafito (i.e., espectro neutrónico térmico). Por su alta temperatura de funcionamiento tiene un alto rendimiento del ciclo térmico (40%) y es capaz de proporcionar vapor para la generación de electricidad, vapor industrial de alta calidad y calor industrial de alta temperatura.

El helio es un gas no condensable, químicamente inerte que no contribuye a la reacción nuclear en cadena ni la afecta. El combustible de este reactor son micro-esferas de uranio cubiertas de varias capas de carbono, que representan la primera barrera al escape de los productos de fisión ante cualquier situación accidental. Estas partículas a capas están dispersas de forma homogénea en una matriz esférica de grafito. Estos elementos combustible esféricos pueden soportar temperaturas muy altas (más de 2000 °C) y elevados grados de quemado sin sufrir graves daños o degradación.

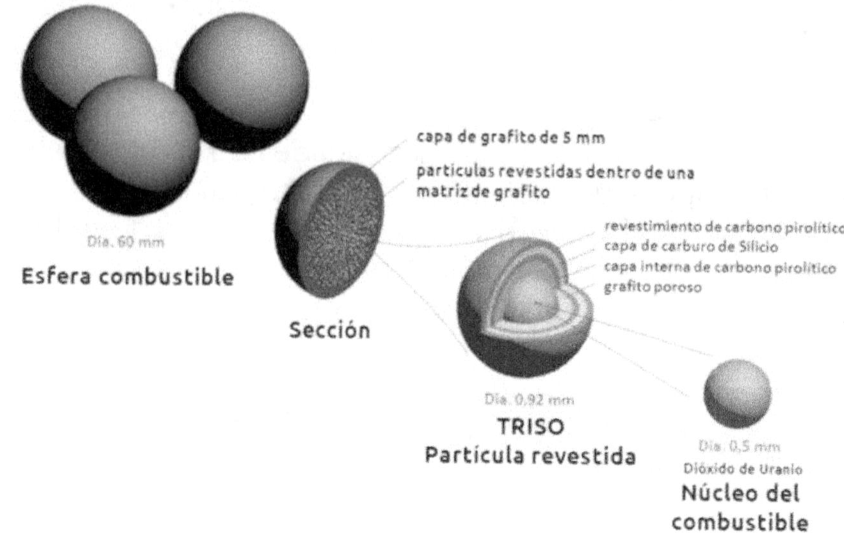

Figura 62. Combustible de los reactores de muy alta temperatura

Los sistemas innovadores de cuarta generación no sólo producirán energía eléctrica, también se contempla la generación de energía térmica útil para procesos de producción de química orgánica y petroquímica, extracción y procesamiento de petróleo crudo, producción de hidrógeno, y otros procesos industriales que requieren diferentes niveles de temperaturas.

Actualmente varios programas de la Comisión Europea y de consorcios internacionales financian proyectos de investigación para mejorar los conocimientos de los fenómenos físicos y químicos de todas estas tecnologías y desarrollar programas de simulación de su funcionamiento en cualquier tipo de condiciones.

7. 3. La fusión

La reacción nuclear de fusión es el proceso mediante el cual dos núcleos atómicos se unen para formar uno de mayor peso atómico, convirtiéndose parte de la masa de los reactivos en energía. Aunque la investigación en fusión nuclear comenzó hace más de 50 años, todavía no se ha conseguido desarrollar un método tecnológico capaz de generar una tasa de fusiones nucleares lo suficientemente alta para que la energía producida pueda ser aprovechada con fines civiles.

Aunque existen diversas reacciones de fusión nuclear, la opción más viable para el aprovechamiento energético es el uso de deuterio y tritio como combustible. El primero es un isótopo natural que se puede extraer de la molécula de agua, por lo que los océanos serían una fuente casi inagotable de este producto, mientras que el segundo es un isótopo artificial y por tanto debe ser producido, dando lugar al llamado Ciclo del Tritio para generar este material a partir de irradiación neutrónica de litio.

La mayor dificultad para producir una alta tasa de reacciones de fusión es que se debe confinar, comprimir y calentar el combustible hasta condiciones extremas donde la materia se encuentra en estado de plasma, llegando a alcanzar temperaturas de millones de grados y presiones del orden de Mbar (un millón de veces la presión atmosférica). Además el proceso debe ser iniciado mediante un gran aporte energético.

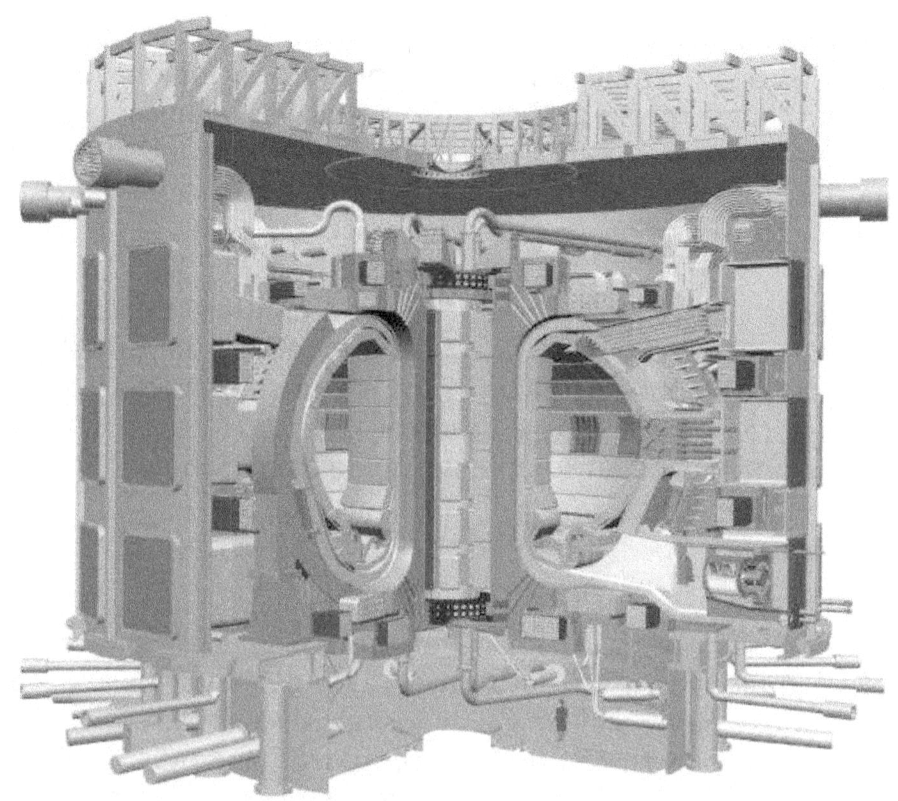

Figura 63. Reactor de fusión

Actualmente existen dos líneas de investigación, el confinamiento inercial y el confinamiento magnético.

- El **confinamiento inercial** consiste en depositar energía en el exterior de una cápsula que encierra el combustible, con lo que su parte exterior se evaporará súbitamente (ablacionará) y por tanto provocará que la parte interna de la cápsula confine, comprima y caliente su combustible dando lugar a la ignición. A nivel mundial, las instalaciones de investigación más importantes son la National Ignition Facility en EE.UU. y Laser Mega Joule en Francia, además del proyecto LIFE americano para la construcción de una unidad de potencia basada en este proceso.

- El **confinamiento magnético** consiste en contener el material a fusionar en un campo magnético mientras se le hace alcanzar la temperatura y presión necesarias. El hidrógeno a estas temperaturas alcanza el estado de plasma. Los primeros modelos magnéticos norteamericanos, denominados Stellarator generaban el campo directamente en un reactor toroidal, con el problema de que el plasma se filtraba entre las líneas del campo.

Figura 64. Central nuclear de fusión

Los ingenieros rusos mejoraron este modelo dando paso al Tokamak. Sin embargo el mayor reactor de este tipo, el JET no ha logrado mantener una mezcla a la temperatura (1 millón de grados) y presión necesarias para que se mantuviera la reacción. Se ha comprometido la creación de un reactor aun mayor, el ITER, que une el esfuerzo internacional para lograr la fusión. Aún en el caso de lograrlo seguiría siendo un reactor experimental y habría que construir otro prototipo para probar la generación de energía, el llamado proyecto DEMO.

7. 4. Conclusiones

Desde el inicio de los reactores nucleares comerciales no se ha dejado de mejorar la seguridad y el funcionamiento de los reactores nucleares a través de avances tecnológicos en combustibles, materiales, sistemas y componentes.

Las centrales de Generación III y III+ reúnen mejoras evolutivas que afectan sobre todo a sistemas de seguridad, a la fiabilidad, a la operabilidad de la planta, a los costes y la estandarización de los diseños.

Las centrales de Generación IV ofrecerán grandes ventajas respecto a las centrales actuales en los campos de la sostenibilidad, la economía, la seguridad y la fiabilidad, la no proliferación y la protección física.

Las centrales nucleares de fusión suponen un gran reto tecnológico que logrará generar electricidad empleando combustibles abundantes en la naturaleza.

7. 5. Bibliografía y recursos web

- Areva (*www.areva.com*)

- Westinghouse (*www.ap1000.westinghousenuclear.com*)

- General Electric (*www.ge-energy.com/nuclear*)

- Gen IV (*www.gen-4.org*)

- INPRO (*www.iaea.org/inpro*)

- ITER (*www.iter.org*)

- World Nuclear Association (*www.world-nuclear.org*)

- Glosario Nuclear de la Sociedad Nuclear Española (*www.sne.es*)

8. Aplicaciones de la tecnología nuclear

Desde el descubrimiento de la tecnología nuclear, muchas han sido y siguen siendo sus posibles aplicaciones. Entre ellas, la más conocida es, sin duda, la producción de electricidad. Sin embargo, existen otras muchas aplicaciones en campos muchas veces desconocidos para la mayor parte de la gente, pero que tienen una grandísima importancia en nuestro día a día.

Cuando un átomo radiactivo se desintegra, emite partículas α (núcleos de helio), β (electrones), o γ (radiación electromagnética de alta energía). Dichas partículas, en función de su tipo e intensidad, penetran e interaccionan con el medio que las rodea, cediendo parte de su energía o rompiendo enlaces químicos. La rotura de enlaces químicos puede tener aplicación para imposibilitar la reproducción de células o microorganismos dañinos para el hombre.

Estas propiedades hacen que la energía nuclear encuentre múltiples aplicaciones prácticas que benefician a la humanidad. En muchos casos, no hay técnicas alternativas que permitan obtener los mismos beneficios potenciales de las radiaciones.

8.1. La medicina nuclear

Las aplicaciones de la energía nuclear asociadas con la salud (diagnóstico por imágenes y tratamiento de enfermedades) son tal vez las más conocidas junto a la producción de energía.

La medicina nuclear es la rama de la medicina que emplea los isótopos radiactivos, las radiaciones nucleares, las variaciones electromagnéticas de los componentes del núcleo y técnicas biofísicas afines para la prevención, diagnóstico, terapia e investigación médica. La medicina nuclear está tan extendida que uno de cada tres pacientes es sometido a alguna forma de tratamiento radiológico o de diagnóstico en los países industrializados.

Las aplicaciones de medicina nuclear que se usan como métodos de diagnóstico son la tomografía por emisiones de positrones (PET), la resonancia magnética nuclear, la gammagrafía y el radioinmunoanálisis. Mientras que los tratamientos de enfermedades incluyen la radioterapia, los anticuerpos monoclonales y terapia con neutrones.

Las técnicas de medicina nuclear son no invasivas y no tienen ningún efecto perjudicial. El paciente únicamente recibe, generalmente por vía intravenosa, el medicamento radiofármaco que se incorporará al órgano, tejido o sistema de interés y que permitirá estudiar su morfología y su funcionamiento. Una ventaja muy importante de estas técnicas nucleares es la detección de anomalías difíciles o imposibles de percibir con otras técnicas y por tanto favorece el diagnóstico precoz y el inicio temprano del tratamiento para la enfermedad.

Técnicas de diagnóstico por imágenes

Diagnóstico por rayos X

Uno de los métodos de diagnóstico más comunes en medicina es el de imágenes mediante rayos X, un tipo de radiación electromagnética que puede atravesar nuestra piel. Al someterse a una radiografía de este tipo, los huesos y algunos órganos más densos que nuestra piel, aparecen en la película fotográfica con un color gris más claro que otros tejidos menos densos, que aparecen en un tono más oscuro. Esto permite a médicos y dentistas detectar si tenemos algún hueso roto o algún problema en los dientes.

Las máquinas de rayos X se pueden conectar a un ordenador y proporcionar un tipo de imagen denominada Tomografía Axial Computarizada o TAC, en color y con gran detalle, que muestra formas y particularidades de algunos órganos internos y permite detectar tumores, tamaños anómalos u otras enfermedades.

Tomografía por emisiones de positrones (PET)

Está técnica utiliza emisores de positrones (antipartículas de electrones). Estos se combinan con electrones del medio circundante formando unas partículas intermedias llamadas positronios, los cuáles, en su proceso de aniquilación, emiten simultáneamente dos fotones con una energía y con sentidos opuestos que dan información sobre las características del medio.

Los emisores de positrones son radioisótopos inestables, que se estabilizan mediante esta emisión al eliminar la carga positiva. Los elementos que se forman tras la emisión del positrón, son estables (no radiactivos).

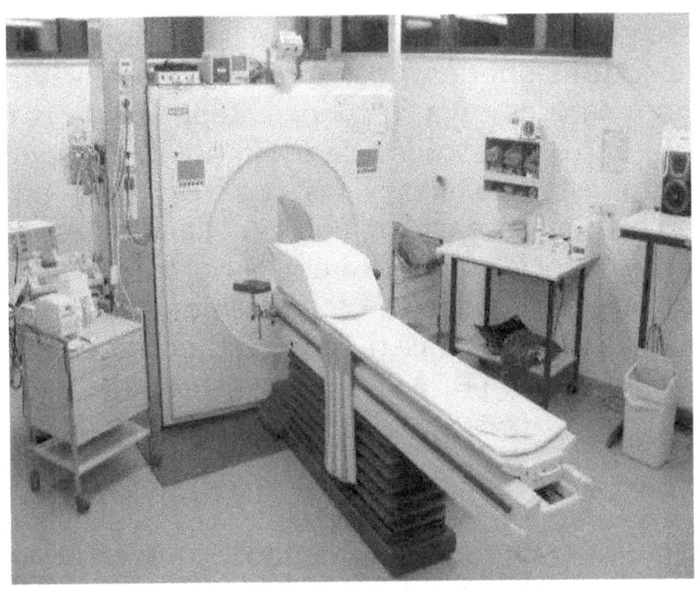

Figura 65. PET

Los isótopos del radiofármaco son introducidos en el paciente por vía intravenosa, la instrumentación utilizada para obtención de imágenes cuenta con un sistema de detección que registra sólo los fotones procedentes del proceso.

Resonancia magnética nuclear

Esta técnica espectroscópica puede utilizarse sólo con núcleos atómicos con un número impar de protones o neutrones (o de ambos). Esta situación se da, entre otros, en los átomos de H, C, F y P. Este tipo de núcleos son magnéticamente activos, es decir poseen espín, igual que los electrones, ya que los núcleos poseen carga positiva y poseen un movimiento de rotación sobre un eje que hace que se comporten como si fueran pequeños imanes.

En ausencia de campo magnético, los espines nucleares se orientan al azar. Sin embargo cuando una muestra se coloca en un campo magnético, los núcleos con espín positivo se orientan en la misma dirección del campo, en un estado de mínima energía denominado estado de espín α, mientras que los núcleos con espín negativo se orientan en dirección opuesta a la del campo magnético, en un estado de mayor energía denominado estado de espín β.

Cuando una muestra que contiene un compuesto orgánico es irradiada brevemente por un pulso intenso de radiación, los núcleos en el estado de espín α son promovidos al estado de espín β. Esta radiación se encuentra en la región de las radiofrecuencias (RF) del espectro electromagnético. Cuando los núcleos vuelven a su estado inicial emiten señales cuya frecuencia depende de la diferencia de energía (ΔE) entre los estados de espín α y β. El espectrómetro de RMN detecta estas señales y las registra como una gráfica de frecuencias frente a intensidad, que es el llamado espectro de RMN. El término resonancia magnética nuclear procede del hecho de que los núcleos están en resonancia con la radiofrecuencia o la radiación RF. Es decir, los núcleos pasan de un estado de espín a otro como respuesta a la radiación RF a la que son sometidos.

Gammagrafía

La gammagrafía es una prueba diagnóstica basada en la radiación que emite el radiofármaco y que es captada por un aparato detector llamado gammacámara el cual procesa los datos recibidos sobre la morfología bidimensional, tridimensional y funcional del órgano. La captación diferencial de las sustancias del radiofármaco por las distintas células o tejidos permite distinguir zonas de diferente recepción.

Dado que se inyecta una mínima cantidad de trazador al paciente, las gammagrafías son imágenes de muy baja resolución pero con una valiosa información de tipo funcional.

Radioinmunoanálisis

Se trata de un método y procedimiento de gran sensibilidad utilizado para realizar mediciones de hormonas, enzimas, virus de la hepatitis, ciertas proteínas del suero, fármacos y variadas sustancias. El procedimiento consiste en tomar muestras de sangre del paciente, donde con posterioridad se añade algún radioisótopo específico, el cual permite obtener mediciones de gran precisión respecto de hormonas y otras sustancias de interés.

Técnicas de tratamiento de enfermedades

Radioterapia

El objetivo de la radioterapia es producir daño severo en un conjunto de células tumorales mediante una dosis elevada de radiación inferida por fotones o por partículas cargadas, minimizando el daño que se pueda producir en los tejidos sanos que lo rodean.

Anticuerpos monoclonales

Se basan en el principio de reacción entre antígenos y anticuerpos. El tumor produce sustancias que a la vez que le son propias resultan ajenas para el resto del organismo. Esas sustancias son los antígenos que generan la formación de anticuerpos. La técnica consiste en agregar a los antígenos una carga radiactiva e inyectarlos en el tejido tumoral. El efecto que producen es la destrucción completa de las células malignas sin dañar el resto del tejido, como sucede cuando se aplica la radioterapia o la quimioterapia.

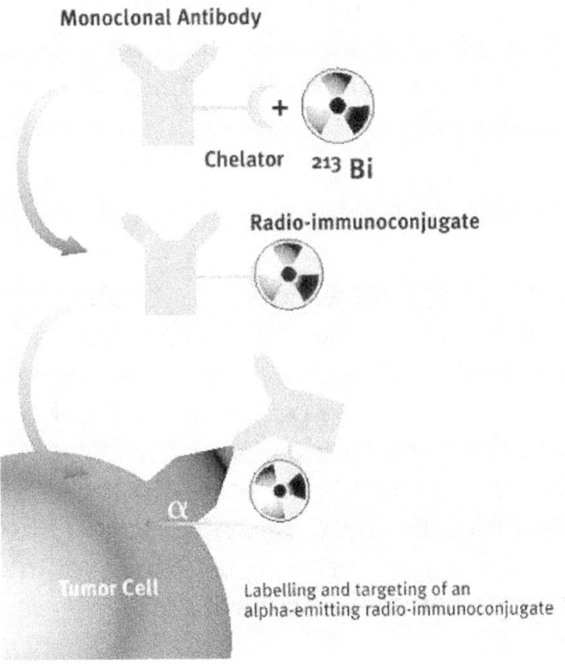

Figura 66. Técnica de la inmunoterapia-alfa con los anticuerpos monoclonales

Para el tratamiento del cáncer, se utilizan los rayos X, la radiación de electrones y la radiación neutrónica. En los tres casos la terapia contra el cáncer está basada en la respuesta de las células a la ionización radiactiva. Las células con tumor no tienen la capacidad de repararse automáticamente como las células normales. Por ello con la liberación de una cantidad mínima de energía la célula con tumor no es capaz de regenerarse.

En la radiación con rayos X, electrones y protones la energía depositada en la célula es baja, por lo que es probable que la célula se pueda reparar y seguir reproduciéndose. Sin embargo la radiación de neutrones produce alta deposición de energía, por lo que la célula es dañada irreparablemente y es muy poco probable que siga reproduciéndose. La terapia de neutrones se usa en tumores no operables o radioresistentes.

Esterilización de equipos

Otra aplicación nuclear que se utiliza en el mundo de la medicina es la esterilización del equipo médico y quirúrgico. La irradiación es un proceso altamente eficaz y de bajo coste para la esterilización del instrumental que debe estar libre de cualquier bacteria o germen para evitar infecciones.

Producción de radioisótopos

Para todas estas aplicaciones que se acaban de presentar es necesario que previamente se produzcan los radioisótopos, que posteriormente serán utilizados como fuente de radiación. La producción de radioisótopos se puede llevar a cabo en ciclotrones o en reactores nucleares diseñados para tal fin. Un ciclotrón es un acelerador de partículas donde se aceleran iones que impactan en un blanco determinado para la producción del radioisótopo deseado. El radioisótopo tiene que tener como característica principal que su vida media efectiva sea corta.

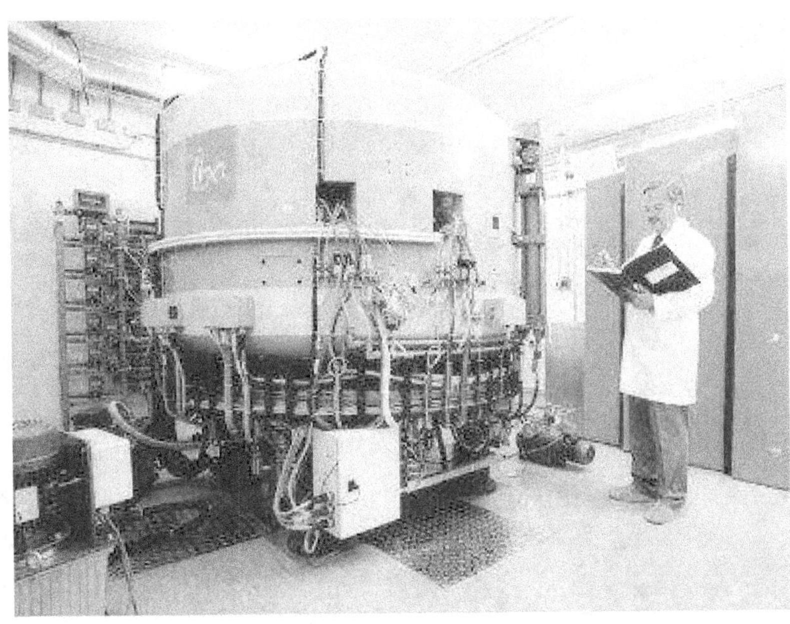

Figura 67. Un ciclotrón

Los radioisótopos producidos en reactores nucleares son debidos al choque del haz neutrónico con un blanco por un tiempo determinado produciéndose distintas reacciones nucleares. Las reacciones nucleares producidas dependen de la energía de los neutrones y flujo neutrónico, las características del material del blanco y la sección eficaz de activación para la reacción deseada (medida de la probabilidad de que se produzca la reacción deseada).

8. 2. La energía nuclear y la industria

La utilización de radioisótopos y radiaciones en la industria moderna es de gran importancia para el desarrollo y mejora de los procesos, para las mediciones y la automatización y para el control de calidad. En la actualidad, muchas ramas de la industria utilizan la energía nuclear en diversas formas.

Aplicaciones basadas en el decaimiento de la energía de la radiación a través de la materia

Aprovechando la propiedad de que la radiación pierde energía al atravesar un material, es posible desarrollar aparatos muy sensibles capaces de medir densidad, grosor, humedad, trayectoria, calidad, fugas, defectos, etc. de materiales y procesos.

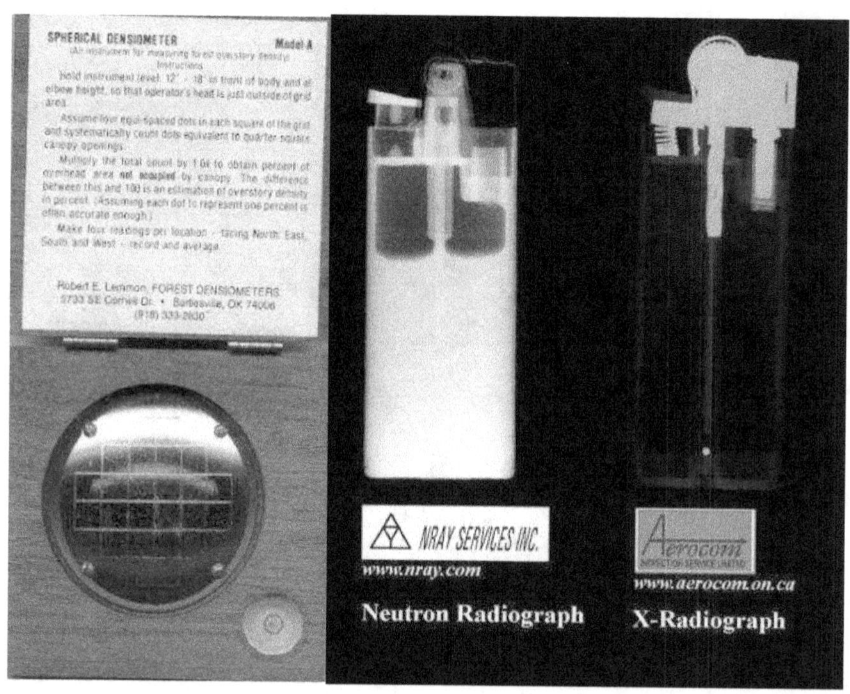

Figura 68. Densiómetro forestal para medir coberturas arbóreas (izq). Comparación entre una neutrografía y una radiografía de un mechero (dcha).

Otra aplicación para el control de calidad es la obtención de imágenes de la estructura interna de piezas a partir de radiografías realizadas con rayos gamma o neutrones. Las imágenes reciben el nombre de gammagrafías o neutrografías, respectivamente. Se trata de un método no destructivo de obtención de información pues, con él es posible comprobar la calidad en soldaduras estructurales, en piezas metálicas o cerámicas, para análisis de humedad en materiales de construcción, etc., sin dañar o alterar la composición del material en cuestión.

La instrumentación que emplea radioisótopos para obtener información de forma no destructiva mediante el uso de estos instrumentos, se basa en la detección de la radiación β o γ, que se ve atenuada al atravesar el material. Por ejemplo, con el densiómetro, es posible realizar mediciones sin contacto físico directo y obtener información de la densidad de un material, del espesor de una placa o realizar mediciones de nivel del líquido contenido en un tanque o equipo.

Finalmente, cabe destacar por su importancia el proceso denominado diagrafía por sondeo, que permite determinar si una determinada zona del subsuelo alberga recursos tales como petróleo, gas o minerales, para su explotación.

Aplicaciones basadas en los radiotrazadores

Uno de los usos que los radioisótopos pueden tener en la industria es en forma de trazadores. Los trazadores son sustancias radiactivas que se introducen en un determinado proceso industrial, para luego detectar la trayectoria de los mismos gracias a su emisión radiactiva. Esto permite investigar diversas variables propias del proceso, como caudales de fluidos, filtraciones, velocidades en tuberías, etc. Esta técnica se realiza sobre equipos industriales costosos, de manera que permiten obtener información para prolongar su vida útil.

8.3. Aplicaciones en la agricultura y la alimentación

La utilización de técnicas nucleares en el campo de la agricultura es de gran importancia hoy en día. Las técnicas radioisotópicas y de las radiaciones que se aplican en este campo pueden inducir mutaciones beneficiosas en plantas para obtener las variedades de cultivos agrícolas deseadas, con un mayor rendimiento, mejor aporte nutritivo o resistencia a plagas y enfermedades. Actualmente, son muchos los centros de investigación dedicados a la selección genética de semillas, como la empresa multinacional israelí HAZERA genetics, o la española ZAYINTEC, con sede en Almería. Por ejemplo, en el campo de los cereales, se han introducido más de un millar de cultivos que cubren ahora grandes extensiones agrarias en los países con mayores problemas demográficos (China, India, Japón, etc.).

Otra aplicación en el campo de la agricultura de gran alcance para la humanidad es la conservación de alimentos. Una técnica que se emplea con este fin es la lucha contra las plagas de insectos. Consiste en la esterilización de insectos criados en ciertas instalaciones, mediante la irradiación antes de la incubación y la posterior diseminación de estos insectos estériles en zonas infectadas. Al no producir descendencia, la población de la plaga va reduciéndose hasta llegar a la erradicación.

Además, la irradiación directa de los alimentos se suma a los diferentes tipos de acondicionamiento de los mismos ya existentes. El objetivo de esta técnica es doble: la reducción de las pérdidas posteriores a la recolección y la mejora de la calidad de los alimentos aumentando su periodo de conservación. La irradiación de los alimentos aprovecha la energía de las radiaciones para la eliminación de insectos, sobre todo en frutas, y de larvas en cereales, legumbres y semillas, además de eliminar gérmenes patógenos causantes de episodios infecciosos, tales como salmonela, triquinosis o cólera.

La técnica del tratamiento de alimentos con radiación ionizante consiste en exponerlos a una dosis de radiación gamma predeterminada y controlada. Esta técnica consume menos energía que los métodos convencionales y puede reemplazar o reducir radicalmente el uso de aditivos y fumigantes en los alimentos. Al ser un proceso frío, los alimentos tratados conservan la frescura (pescado, frutas, verduras) y su estado físico (comestibles congelados o secos). La irradiación impide los brotes en tubérculos y raíces comestibles, impide la reproducción de insectos y parásitos, inactiva bacterias, esporas y mohos, y retrasa la maduración de frutas. Esta técnica es aceptada y recomendada por la FAO, OMS y el OIEA.

La irradiación de un alimento no tiene ningún efecto perjudicial para su consumo. No vuelve radiactivo a éste, ni altera sus propiedades más de lo que harían otros procedimientos de conservación como el enlatado o congelado.

8. 4. Aplicaciones nucleares en arte

Los contaminantes atmosféricos han agravado el problema de la conservación del patrimonio de bienes culturales (estatuas, libros, documentos históricos, objetos de arte, etc.). Una solución puesta en práctica en algunos países, como Francia, es la restauración de piezas deterioradas mediante el empleo de técnicas nucleares.

El problema que presenta una obra artística en deterioro es doble: por un lado, la progresiva pérdida de fijación que sufre la obra al estar expuesta al medio ambiente (humedad, compuestos químicos contaminantes, etc.) y, por otro, la contaminación con insectos xilófagos (se alimentan de madera), con hongos, etc.

Mediante la impregnación con un monómero (molécula pequeña) y su posterior irradiación gamma, es posible producir la consolidación de la pieza por polimerización (agrupación química de compuestos), a la vez que se eliminan los insectos contaminantes de la obra por esterilización.

Para la datación de obras de arte, de igual manera que para la determinación de la edad en formaciones geológicas y arqueológicas, se utiliza la técnica del carbono-14, que consiste en determinar la cantidad de dicho isótopo contenida en un cuerpo orgánico. La radiactividad existente, debida a la presencia de carbono-14, disminuye a la mitad cada 5.730 años, por lo que, al medir con precisión su actividad (y su cantidad), se puede inferir la edad de la muestra.

La autenticidad de las obras de arte también puede conocerse mediante técnicas nucleares. Mediante análisis no destructivos puede obtenerse información sobre "huellas digitales" de las obras, esto es, elementos microconstituyentes de la materia prima que varían según el autor y las épocas.

8. 5.   Usos civiles en seguridad

La tecnología nuclear también alcanza al ámbito de la seguridad y protección civil. Un ejemplo de este tipo de aplicaciones en seguridad es el de los detectores de humo. Su funcionamiento se basa en el de la cámara de ionización, la cual está constituida por un gas encerrado entre dos placas de metal conductoras a las cuales se aplica una diferencia de tensión. Cuando el gas se ioniza por la presencia de radiaciones ionizantes, se crea una corriente entre las placas que se puede medir, dando información de la cantidad de radiación recibida por la cámara.

En el caso del detector de humo, la cavidad entre placas se deja expuesta al aire y contiene una pequeña cantidad de americio-241, el cual es un emisor alfa. Estas partículas colisionan con el oxígeno y el nitrógeno del aire, de manera que se ioniza produciendo una corriente entre las placas. Si el humo entra en la cavidad entre placas, se interrumpe la ionización, con lo que la corriente cesa y se dispara la alarma de humo.

Otros muchos productos de uso cotidiano contienen pequeñas cantidades de elementos radiactivos. Este es el caso de los relojes que brillan en la oscuridad, de las fotocopiadoras, que usan pequeñas cantidades de radiación para eliminar electricidad estática e impedir que el papel se pegue o se atasque, de las sartenes antiadherentes, en las que se ha utilizado la radiación para asegurar que la capa antiadherente se mantiene unida al metal, o de algunos tipos de discos duros, que almacenan mejor los datos cuando son tratados con fuentes radiactivas.

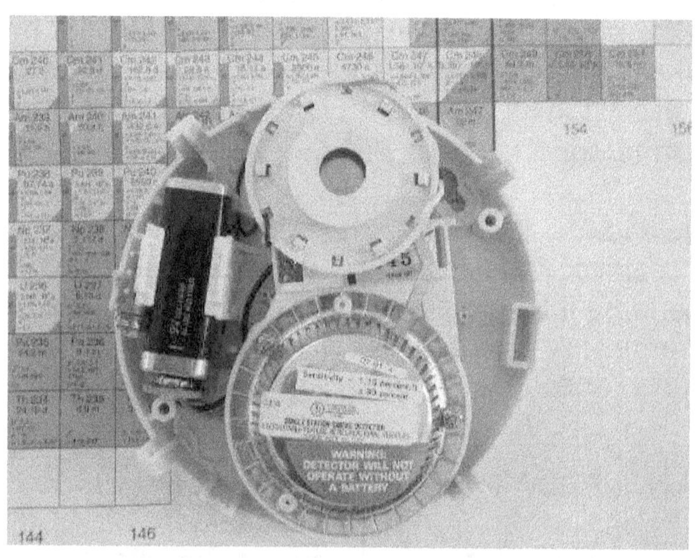

Figura 69. Detector de humo destapado

8.6. Exploración espacial

Los generadores isotópicos de electricidad son instrumentos que contienen un radionucleido encapsulado herméticamente cuyas radiaciones son absorbidas en las paredes de la cápsula. Ésta es el equivalente a una fuente de calor, ya que la cápsula transforma la energía de las radiaciones. A esta fuente se acopla un circuito eléctrico para generar una corriente eléctrica que alimenta los instrumentos. La fuente será de larga duración si el periodo de semidesintegración del radioisótopo es largo.

Una de las principales aplicaciones de estas pilas nucleares es la navegación espacial. Se trata de, con generadores algo más potentes, alimentar la instrumentación de satélites terrestres y sondas planetarias, de manera que éstas puedan llegar a planetas próximos y transmitir información a la Tierra.

Los proyectos ROVER y NERVA (EE.UU.) iniciaron esta línea de investigación. Actualmente el programa Prometheus (2003) promovido por la NASA desarrolla la propulsión nuclear en transbordadores espaciales para la llegada a Marte.

Figura 70. Programa Prometheus de la NASA para exploración espacial con propulsión nuclear

8.7. Principales radioisótopos y sus aplicaciones

Finalmente, la tabla siguiente muestra a modo de resumen una lista de los principales radioisótopos de interés civil y sus aplicaciones.

Isótopo	Radiación	Periodo de semidesinte-gración	Uso(s)
Co-60	gamma	5,3 años	Gammaterapia, medición del grosor de un metal
I-125	gamma	60 días	Cáncer: próstata, ojos
I-131	beta	25 minutos	Tratamiento de cáncer de tiroides
Am-241	alfa	460 años	Detectores de humo, calibrado neutrónico
C-14	beta	5570 años	Datación de fósiles
Sr-89	beta	50 días	Metástasis cáncer óseo
Sr-90	beta	28 años	Radioterapia. Generadores termoeléctricos

Isótopo	Radiación	Periodo de semidesinte-gración	Uso(s)
Tc-99	gamma	6 horas	Diagnóstico de cáncer óseo, monitorización cardiaca, diagnóstico de trombosis, estudio de enfermedades del hígado, accidentes cerebrovasculares, etc.
Ca-45	beta	165 días	Estudio absorción calcio
Xe-133	gamma	2,3 días	Flujo de aire en los pulmones
Na-24	beta y gamma	15 horas	Estudio del contenido mineral de un cuerpo
K-42	beta	12.5 horas	Estudio del contenido mineral de un cuerpo
O-15	beta (+)	124 segundos	Estudio del cerebro mediante PET (tomografía emisión de positrones)
F-18	beta (+)	110 minutos	PET
Mo-99	beta	67 horas	Producción de Tc-99
Ir-192	beta y gamma	73,83 días	Cáncer cervical, cuello, boca, lengua, pulmón. Para prevenir estenosis después de una angioplastia. Gammagrafías
Sm-153	beta	1,95 días	Metástasis cáncer óseo
Re-186	beta	3,78 días	Metástasis cáncer óseo
Y-90	beta	2,67 días	Artritis
Er-169	beta	9,4 días	Artritis
Lu-177	beta	6,71 días	Varios tipos de cáncer
Cl-36	beta	301.000 años	Medición de la edad del agua subterránea
Pb-210	beta	22,6 años	Datación de capas de arena y suelo
Cs-137	beta	30 años	Medida de grosor. Detección de erosión y depósitos en el suelo
Au-198	beta	2,7 días	Detección de polución. Rastreado de arena en corrientes de agua.
Yb-169	gamma	32 días	Gammagrafías

8. 8. Conclusiones

Existen muchas y diversas aplicaciones de la tecnología nuclear. Estas aplicaciones pueden tener una grandísima importancia en nuestro día a día. Se destacan:

- En industria, el desarrollo, la automatización, mejora, control de calidad de procesos industriales, y exploración minera de recursos.

- En agricultura y alimentación, la mejora de los cultivos, la protección de alimentos contra plagas y la extensión de su periodo de conservación.

- El diagnóstico de enfermedades mediante técnicas de obtención de imágenes y tratamiento contra enfermedades, entre ellas, el cáncer.

- Conservación, datación y autentificación de obras de arte.

- Detectores de humo en el campo de la seguridad y protección civil.

- Exploración espacial.

8.9. Bibliografía y recursos web

- Sociedad Española de Medicina Nuclear e Imagen Molecular SEMNIM (*www.semnim.es)*

- Fermi National Accelerator Laboratory (*www-bd.fnal.gov)*

- U.S. Nuclear Regulatory Comission (www.nrc.gov)

- Reviews of accelerator Science Vol.1 2008, World Scientific Publishing Company.

- Centro de Medicina Nuclear de la FALP

- The Abramson Cancer Center of the University of Pennsylvania

- M.P. Gimeno, A. Abánades "Producción de radioisótopos con ciclotrones" LAESA-UI/00-15/13/XI

- Joint Research Center- Institute of Transuranium Elements. European Commision. (*itu.jrc.ec.europa.eu)*

- NRAY services Inc. (*www.nray.ca/nray*)

- Nuclear Energy Institute (*www.nei.org*)

9. Aspectos socioeconómicos y ambientales

El funcionamiento de la economía mundial se basa en el consumo de energía. Sin ella sería imposible extraer las materias primas necesarias para generar los bienes y servicios que la sociedad necesita, tampoco su transporte ni el de las personas.

El desarrollo económico-social y el progreso tecnológico no son posibles sin un suministro garantizado de energía. Dado que la demanda de energía crece anualmente y su producción y uso tiene un gran impacto en el medio ambiente y que las fuentes de energía fósiles son limitadas, para llegar a un modelo sostenible es imprescindible crear una estrategia energética que garantice el suministro, favorezca la eficiencia energética y a la vez combine distintas fuentes de energía para producir el menor impacto posible para el medio ambiente.

Para evaluar el impacto de las actividades relacionadas con la energía se debe tener en cuenta su ciclo completo y no sólo sus etapas finales. De este modo, no se debe centrar la atención únicamente en el ámbito puramente inmediato de los procesos de producción y consumo.

9.1. Perspectivas energéticas actuales y futuras

Los acontecimientos registrados en Fukushima Daiichi en Marzo de 2011 han reavivado el debate sobre el papel que la energía nuclear ha de jugar en el futuro, aunque no han inducido cambios en las políticas de países tales como China, India, Rusia, Emiratos Árabes o Corea del Sur, que continúan con la expansión de esta energía. Otros países mantienen sus centrales en operación a largo plazo, como Estados Unidos, Finlandia o Reino Unido, donde también existen centrales en construcción o proyecto.

Según el World Energy Outlook de 2011, en el Escenario de Nuevas Políticas la producción nuclear aumenta más de un 70% hasta 2035. También se han examinado las posibles implicaciones que tendría un alejamiento de la energía nuclear en un "Escenario de Menor Generación de Origen Nuclear", en el que se ha supuesto que no se construyen nuevos reactores en la OCDE, que los países no pertenecientes a la OCDE sólo crean la mitad de la capacidad adicional prevista en el Escenario de Nuevas Políticas y que se acorta la duración de funcionamiento de las centrales nucleares existentes. Hay muchas opciones posibles todavía.

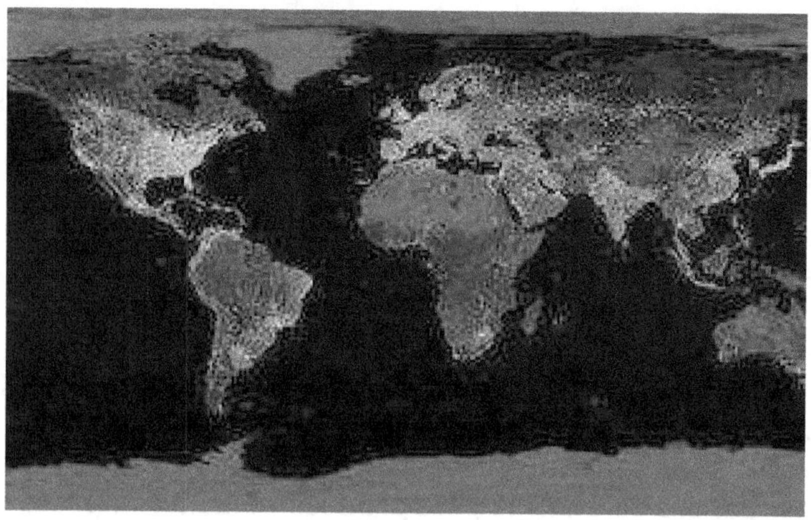

Figura 71. Imagen de las zonas iluminadas de la Tierra

Aunque un futuro con menos energía nuclear abriría oportunidades para las energías renovables, también dispararía la demanda de combustibles fósiles que actúan de soporte (back-up) de las renovables; como resultado, se experimentaría una mayor presión al alza sobre los precios de la energía, surgirían nuevas preocupaciones sobre la seguridad energética, y resultaría más difícil y caro luchar contra el cambio climático. Las consecuencias serían particularmente serias para aquellos países con recursos energéticos propios limitados y que contemplan una participación significativa de la generación nuclear. Con quienes tienen que competir las energías renovables son con las energías de combustibles fósiles, ya que son éstas las que se deben reemplazar por su impacto en el medioambiente.

A lo dicho hay que añadir que, en la actualidad, alrededor del 80% del consumo energético mundial se basa en el uso de combustibles fósiles: carbón, petróleo y gas natural. Se trata de recursos no renovables, que no podrán mantener un ritmo de incremento de consumo sostenido a largo plazo y cuya utilización tiene un impacto negativo sobre el medio ambiente, a pesar de los esfuerzos realizados en ahorro y eficiencia energética, así como el realizado en el desarrollo de fuentes energéticas alternativas. Adicionalmente, una gran proporción de las reservas de gas y petróleo, como es bien sabido, se encuentran situadas en zonas políticamente inestables (Oriente Medio, norte de África).

Por lo tanto, se deducen dos conclusiones: la primera, la necesidad de potenciar el desarrollo de todas aquellas fuentes que puedan aportar energía en condiciones seguras, fiables, económicas y de respeto al medio ambiente, entre ellas la nuclear; la segunda, que habrá que seguir utilizando los combustibles fósiles a largo plazo, por lo que se deben desarrollar nuevas técnicas orientadas a su combustión limpia.

Para garantizar un sistema eléctrico seguro, estable y fiable, es necesario disponer de un mix energético equilibrado y sostenible en el tiempo. Es necesaria una planificación energética a medio y largo plazo responsable en la que se valoren aspectos de costes, de competitividad, de garantía de suministro y de medio ambiente.

9. 2.   Sostenibilidad en el sistema eléctrico

Nuestro país tiene una amplia trayectoria en la utilización de la energía nuclear como fuente de generación de energía eléctrica, puesto que las centrales nucleares españolas han acumulado más de 250 años de experiencia operativa.

La industria nuclear española tiene capacidades para operar a largo plazo las instalaciones actualmente en funcionamiento e incluso llegado el caso para abordar un nuevo programa de construcción de centrales: existen empresas de ingeniería, de fabricación y suministro de bienes de equipo, de fabricación del combustible, para la operación y el mantenimiento, etc. Las empresas españolas han participado y participan en numerosos proyectos a nivel internacional, lo que permite que el sector nuclear español tenga capacidad para afrontar el 80%, en términos económicos, de un nuevo programa de construcción de centrales nucleares en nuestro país.

El parque nuclear español actual está formado por 8 reactores[6] en 6 emplazamientos con una potencia instalada de 7.786 MW, lo que representaba, a 31 de diciembre de 2011, un 7,32% del total de la potencia de generación instalada en España. Cada año genera cerca del 20% de la electricidad que se consume en el país, aproximadamente 60.000 GWh, con unos indicadores de funcionamiento globales, que expresan cuantitativamente la eficacia del funcionamiento en los aspectos más significativos, por encima de la media del parque nuclear mundial. Destaca el factor de carga, situándose históricamente por encima del 85%, lo que supone que nuestro parque nuclear tiene un funcionamiento medio anual cercano a las 8.000 horas, aportando la regulación necesaria para el funcionamiento técnico estable y continuo de nuestro sistema eléctrico.

Figura 72. Localización de las centrales nucleares españolas

La seguridad de las instalaciones nucleares españolas está garantizada por nuestro marco jurídico, que incluye un sistema de

---

[6] A fecha de edición de este libro, la central de Garoña se encuentra con todo el combustible descargado en su piscina, a la espera de posibles cambios normativos que permitan la continuación de su operación.

autorizaciones y sanciones, responsabilidad civil por daños a terceros, planes de emergencia e información pública, y se encuentra permanentemente vigilada y asegurada por el Consejo de Seguridad Nuclear, como único organismo independiente y competente en materia de seguridad nuclear y protección contra las radiaciones ionizantes. También se han establecido las bases jurídicas y las normativas técnicas suficientes para gestionar los residuos radiactivos y el combustible usado producidos en las centrales nucleares sin que supongan un riesgo indebido para la salud y la seguridad de las generaciones presentes y futuras.

9. 3. Seguridad de suministro frente a vulnerabilidad

Aportación al sistema eléctrico

Las centrales nucleares aportan grandes cantidades de electricidad libre de emisiones con gran fiabilidad, todos los días del año y veinticuatro horas al día. De hecho, están conectadas a la red a su potencia nominal una media de 8.000 horas al año y sólo se desconectan para las recargas de combustible, que se aprovechan para el mantenimiento. Esto dota de una gran estabilidad a la red eléctrica.

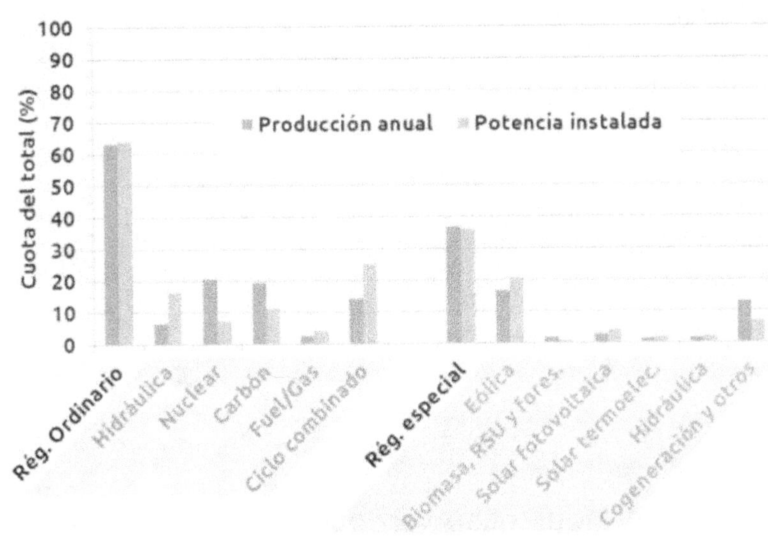

Figura 73. Potencia eléctrica instalada y producción de cada fuente de energía en 2012

Hay que tener en cuenta que los 60.000 GWh nucleares generados anualmente en España representan hoy alrededor del 30% de la energía generada en base. El resto es fundamentalmente aportado por las centrales de carbón y por las centrales de ciclo combinado de gas.

Disponibilidad de combustible

Las necesidades anuales de uranio actualmente en el mundo son de aproximadamente 66.500 toneladas. Las reservas conocidas son 6,3 millones de toneladas, con lo que se tienen cubiertas las necesidades del parque nuclear mundial actual para los próximos 100 años. Según el Libro Rojo del año 2011, las estimaciones de todas las reservas esperadas, incluyendo aquellas no suficientemente cuantificadas o no económicas en este momento, suman del orden de 10 millones de toneladas adicionales, lo que representarían unos 200 años más de suministro al ritmo actual de consumo. Estas reservas no incluyen las 22 millones de toneladas de uranio que podrían obtenerse como subproducto de la explotación de los depósitos de fosfatos, ni tampoco las 4.000 millones de toneladas de uranio contenidas en el agua de mar.

Figura 74. Fábrica de combustible nuclear de ENUSA en Juzbado (Salamanca)

En España, ENUSA Industrias Avanzadas, empresa pública fundada en el año 1972, es la encargada de cubrir todas las actividades de la primera parte del ciclo de combustible para las centrales nucleares españolas, realizando una gestión unificada de las políticas de aprovisionamiento del uranio enriquecido, lo que permite una mayor seguridad del suministro, una gran flexibilidad ante los cambios, una mayor capacidad de negociación ante los suministradores y un ahorro en los costes de gestión.

Las necesidades anuales de combustible del parque nuclear español son cercanas a 1800 toneladas de U_3O_8 (concentrados de uranio), 1.500 tU como UF_6 (conversión), 900.000 UTS (enriquecimiento) para obtener unas 150 tU de uranio enriquecido (fabricado) para ser introducido en los reactores españoles.

Los reactores nucleares españoles a través de ENUSA son clientes de los mayores países productores de concentrados del mundo, procediendo principalmente de Namibia, Níger y Rusia, aunque existen otros como Australia, Canadá, Kazajistán y Uzbekistán. Esta diversificación proporciona seguridad de suministro, dado que se hace con compañías y empresas muy solventes en el mercado internacional.

También ENUSA es cliente directo o indirecto de las cuatro empresas más importantes suministradoras de conversión a UF_6, cubriendo las necesidades de los reactores españoles aproximadamente en el 25% de Francia y Reino Unido, el 25% de Rusia y el 50% de Estados Unidos y Canadá. Además, ENUSA tiene una participación accionarial del 11% en la empresa francesa EURODIF, una de las mayores plantas de enriquecimiento del mundo.

Por otra parte, hay que indicar que la legislación nacional exige a las empresas eléctricas españolas propietarias de nuestras centrales nucleares el mantenimiento del llamado stock de reserva de uranio, lo que implica tener acopiado el uranio necesario para la fabricación del combustible que se utilizaría en dos recargas de un reactor tipo de 1.000 MW de potencia de los que constituyen el parque nuclear español.

Adicionalmente, las empresas eléctricas mantienen el denominado stock estratégico voluntario de uranio, que permitiría, en el hipotético caso de una interrupción en el suministro internacional del mineral, el funcionamiento durante un año de todo el parque nuclear español.

9.4. Competitividad

Costes y economía

El coste variable de generación de las centrales nucleares, incluidos conceptos como la gestión de los residuos radiactivos y el desmantelamiento, es hoy, gracias al reducido coste del combustible, considerablemente inferior al de las centrales de gas de ciclo combinado, tecnología que puede considerarse como alternativa para la misma clase de servicio. Con ello y la larga vida operativa y utilización intensiva durante el año, que permite amortizar el elevado coste de inversión, el parque nuclear presenta el coste mínimo entre las tecnologías disponibles para la producción en base.

Las centrales nucleares son intensivas en capital. El coste de instalación de las centrales nuevas, una vez pasadas las oscilaciones de los últimos años en los precios de las materias primas, es del orden de 3.000 a 4.000 €/kW (coste instantáneo u *overnight*, es decir, sin intereses durante la construcción ni costes del cliente). Considerando los costes de la financiación y los períodos de amortización, el coste total del MWh resulta ser de 45-60€ y eso sin considerar las tasas por emisión de CO_2, que pueden estimarse, como mínimo, en 8€/MWh adicionales para las centrales de ciclo combinado.

Importaciones y balanza comercial

Las importaciones de productos energéticos, especialmente los combustibles fósiles, por los países industrializados, alcanzan hoy cifras muy considerables, dada la escasez de recursos propios, sobre todo en petróleo y gas natural. Europa importa más del 50% de sus necesidades energéticas, y España llega a más del 80%.

Para la producción nuclear se importa sólo la materia prima fisionable, pero se incorpora un alto valor añadido en los países consumidores, por lo que la energía nuclear se considera como un recurso nacional. En Europa la producción nuclear ahorra más de 30.000 millones de euros anuales en la importación de combustibles fósiles; en España el ahorro anual es superior a 2.000 millones de euros.

Aunque parte de los suministros para la construcción son importados de otros países, como corresponde a las reglas del mercado global, la mayor parte de la inversión se emplea, en los países industrializados, en bienes y, sobre todo, servicios generados en el país, lo que contribuye al funcionamiento de una estructura industrial de alta cualificación, que a su vez es capaz de generar exportaciones de alto valor añadido.

La estructura industrial creada en España en los años 70 y 80 del pasado siglo para las necesidades de la construcción, mantenimiento y operación de las centrales nucleares fue de primer nivel mundial y empleó miles de científicos y técnicos en actividades de investigación, regulación, ingeniería, fabricación de equipos y combustibles y servicios diversos.

En la actualidad la industria nuclear europea emplea unas 400.000 personas en el conjunto de los 27 países de la Unión. En España el sector ocupa hoy a unas 30.000 personas, de forma directa e indirecta, con un alto nivel de cualificación y con vocación de permanencia en el tiempo.

9.5. Respeto al medio ambiente

Las centrales nucleares, al igual que las renovables, no emiten gases de efecto invernadero, por lo que constituyen una aportación básica a la lucha contra el calentamiento global. Las centrales nucleares españolas, con su producción cercana a 60.000 GWh al año, evitan la emisión de entre 35 y 45 $MtCO_2$ (que habrían de ser emitidas por centrales fósiles sustitutivas), parte importante del total asignado al sector eléctrico en el Plan de Asignación de Emisiones como promedio para 2008-2012, y representan más del 40% de la electricidad libre de emisiones generada en España. En Europa la producción anual de 900 TWh nucleares supone evitar la emisión de unos 650 millones de toneladas de CO_2. Esta cifra es equivalente a la que emite el parque automovilístico europeo.

Desde luego, la energía nuclear es imprescindible para poder cumplir los objetivos establecidos por la Unión Europea para reducir en un 20% las emisiones de gases contaminantes en el año 2020 respecto al nivel de referencia del año 1990.

La protección de medioambiente también implica asegurar que no hay un impacto en el entorno en el día a día de la central (la temperatura del agua de refrigeración del mar, embalses o ríos, etc.)

Paquete verde de la Unión Europea

En este siglo, el cambio climático podría alcanzar proporciones catastróficas si no se reducen rápida y drásticamente las emisiones de gases de efecto invernadero, por lo que la Unión Europea propone el uso de fuentes de energía más seguras, es decir, depender menos de las importaciones de petróleo y gas.

Para solucionar este problema, la política climática y energética de la UE contempla para 2020 una serie de ambiciosos objetivos:

- Reducir las emisiones de gases de efecto invernadero en un mínimo del 20% con respecto a 1990 (y en un 30% si los demás países desarrollados se comprometen a efectuar reducciones similares).

- Aumentar el uso de energías renovables hasta el 20% de la producción total (actualmente representan alrededor del 8,5%).

- Reducir el consumo en un 20% con respecto al nivel previsto para 2020 gracias a una mayor eficiencia energética.

En diciembre de 2011, el comisario europeo de energía, Oettinger, presentó el documento "Energy Roadmap 2050". El objetivo de este documento es establecer un marco en el horizonte 2050 del papel de las distintas fuentes de energía en la UE y su planificación.

La hoja de ruta tiene en cuenta aspectos como la reducción de gases de efecto invernadero (80-95% por debajo de los niveles de 1990 para 2050), la garantía de suministro y la competitividad. Se plantean distintos escenarios con una necesaria transformación de la energía, teniendo en cuenta un incremento de la demanda de energía final de un 36-39% en 2050, contando en todos ellos con la generación nuclear para la diversificación de las tecnologías, la reducción de las emisiones de gases de efecto invernadero y la garantía de suministro.

Un objetivo importante de la Convención Marco de las Naciones Unidas sobre el Cambio Climático (UNFCCC) es la estabilización de las concentraciones de los gases de efecto invernadero en la atmósfera, a un nivel que no implique una interferencia peligrosa con el sistema climático, y que permita un desarrollo sostenible. Como las actividades relacionadas con la energía (procesado, transformación, consumo...) representan el 80% de las emisiones de CO_2 a escala mundial, la energía es clave en el cambio climático.

Dentro de la Convención Marco UNFCCC se ha desarrollado el Protocolo de Kioto, cuyo objetivo es reducir en un 5,2% las emisiones de gases de efecto invernadero en el mundo, con relación a los niveles de 1990, durante el periodo 2008-2012. Es el principal instrumento internacional para hacer frente al cambio climático. Con ese fin, el protocolo contiene objetivos para que los países industrializados reduzcan las emisiones de los seis gases de efecto invernadero originados por las actividades humanas: dióxido de carbono (CO_2), metano (CH_4), óxido nitroso (N_2O), hidrofluorocarbonos (HFC), perfluorocarbonos (PFC) y hexafluoruro de azufre (SF_6).

Entre las actividades a las que se exige que reduzcan sus emisiones, se encuentran la generación de electricidad, el refino de hidrocarburos, las coquerías, la calcinación o sinterización de minerales metálicos, la producción de arrabio o de acero, la fabricación de cemento y cal, la fabricación de vidrio, la fabricación de productos cerámicos y la fabricación de papel y cartón. Sin embargo, no se encuentran reguladas por el protocolo las emisiones procedentes del sector del transporte y del sector residencial, que son considerados como sectores difusos.

En la actualidad, las naciones firmantes están buscando un nuevo acuerdo que sustituya a este Protocolo de Kioto al final del horizonte temporal para el que se suscribió, 2012.

Figura 75. Naciones Unidas. COP17/ CMP7

Del 28 de noviembre al 9 de diciembre de 2011 se celebró la Cumbre de Durban en Sudáfrica, cuyo objetivo fue suscribir acuerdos para renovar el Protocolo de Kioto y establecer un calendario para adoptar un acuerdo global jurídicamente vinculante. En definitiva, se pretendía establecer y definir los compromisos de reducción de emisiones contaminantes.

Las conclusiones de la cumbre fueron que los representantes de 194 países miembros de la Convención Marco para el Cambio Climático han coincidido en la urgente necesidad de elevar el nivel de esfuerzo colectivo para reducir las emisiones de gases de efecto invernadero de forma que se limite el crecimiento de la temperatura global a 2°C. Las negociaciones entre los delegados dieron lugar en el último minuto a un acuerdo de mínimos que apunta al establecimiento a medio plazo de un régimen legal vinculante para todos los países. Para ello se ha constituido un grupo de trabajo encargado de elaborar un plan de reducción global de emisiones que sea aprobado lo antes posible, pero no más tarde de 2015, y que entre en vigor en 2020. También se ha llegado a un acuerdo para prorrogar la vigencia del Protocolo de Kioto desde 2013 a 2017. Para ello los gobiernos de 35 países desarrollados o en transición a la economía de mercado presentarán antes de 1 de mayo de 2012 sus objetivos cuantitativos de limitación de emisiones para ese período. Los mecanismos actuales del protocolo seguirán vigentes, con algunas mejoras, como la inclusión de los proyectos de captura y almacenamiento de carbono en el Mecanismo de Desarrollo Limpio. Tres países (Canadá, Japón y Rusia) han comunicado que no participarán en este nuevo compromiso y Estados Unidos no ha ratificado el protocolo, con lo que el nuevo esfuerzo es en gran medida europeo.

Por otra parte, los delegados acordaron poner en marcha los programas de apoyo a los países en desarrollo acordados en la conferencia de Cancún en 2010. Estos programas incluyen el Fondo Verde del Clima, que está recibiendo ya compromisos de aportación y podría estar listo en 2012 para el acceso de los países en desarrollo en sus esfuerzos para establecer su propio futuro limpio y adaptarse al cambio climático. El Comité de Adaptación, de 16 miembros, coordinará las acciones adaptativas a escala global y el Mecanismo de Tecnología deberá estar en operación en 2012 para ayudar a los países necesitados a acceder a las tecnologías limpias.

9. 6.   Otros aspectos a tener en cuenta

A 31 de diciembre de 2011, en el mundo había 435 reactores nucleares en funcionamiento en 31 países, con una potencia instalada de unos 370 GW, que suponían el 10% del total del parque de generación eléctrica mundial. Generan aproximadamente unos 2.600 TWh cada año, es decir, cubren aproximadamente un 15% la demanda mundial de electricidad.

En la actualidad, y tras los acontecimientos del mes de marzo de 2011 en Japón, sigue habiendo más de 60 reactores en construcción en 16 países, otros 90 están planificados y con la financiación comprometida, y otros 200 más en fase de propuesta. Esto supone que, en los próximos 25-30 años, el parque nuclear mundial va a aumentar, contribuyendo a que puedan satisfacerse los retos de sostenibilidad ambiental, garantía de suministro y competitividad en la producción de electricidad.

Los acontecimientos producidos en Japón y las consecuencias sobre la central nuclear de Fukushima Daiichi han puesto de nuevo de actualidad el debate sobre la utilización de la energía nuclear en las cestas energéticas de los distintos países.

En la Unión Europea se han realizado a cabo distintas pruebas en los 143 reactores nucleares en funcionamiento, las denominadas pruebas de resistencia, para reevaluar sus márgenes de seguridad, lo que permitirá analizar el comportamiento, más allá de las bases de diseño, ante una serie de situaciones extremas, similares a las producidas en la central japonesa como consecuencia del terremoto y tsunami del día 11 de marzo, que pudieran poner en riesgo la seguridad de las mismas. Adicionalmente, otros países no pertenecientes a la UE -Armenia, Bielorrusia, Croacia, Rusia, Suiza,

Turquía y Ucrania- también van a llevar a cabo en sus 53 reactores nucleares dichas pruebas de resistencia. Algunos de estos países no tienen aún reactores en sus territorios, pero sí planes de instalación. La motivación para adherirse a este ejercicio reside en el carácter transfronterizo de las posibles consecuencias de accidentes nucleares y en la necesidad de armonizar las normas y los requisitos de seguridad.

El Grupo Europeo de Organismos Reguladores Nucleares (ENSREG), con el soporte técnico de la Asociación de Organismos Reguladores de Europa Occidental (WENRA), estableció en mayo de 2011 el alcance de estas pruebas, su contenido técnico y la metodología.

En el Reino Unido, el informe Weightman ha confirmado que se cumplen las condiciones de seguridad de las centrales del país y ha indicado que se va a continuar con el programa de construcción de nuevas centrales nucleares.

En Finlandia, un informe del día 16 de mayo de 2011 confirmó que no hay necesidad de modificaciones a corto plazo, existiendo suficiente precaución contra inundaciones en sus centrales nucleares.

En Italia, el intento de renuclearización perseguido por el Gobierno italiano durante los dos últimos años, que incluía la construcción de varias centrales nucleares como solución a los problemas planteados por la escasez de recursos energéticos, fue rechazado por el público italiano en el referéndum celebrado los días 12 y 13 de junio. Tras la crisis de Fukushima, el Gobierno decretó una moratoria superior a un año para permitir un análisis riguroso de la situación antes de decidir el camino a seguir.

En Suiza, el gobierno ha presentado una propuesta para el cierre del parque nuclear (formado por cinco unidades) en el año 2034. La decisión tendrá que ser aprobada en el parlamento y posteriormente refrendada en referéndum.

En Alemania, el gobierno de la canciller Angela Merkel anunció el día 14 de marzo una moratoria por la que se suspendía temporalmente durante tres meses el acuerdo parlamentario de principios de septiembre de 2010, alcanzado por el partido democristiano CDU y el partido liberal FDP, mediante el que se prolongaba, en una media de 12 años, la operación del parque nuclear alemán. De forma inmediata se ordenó la parada de los 8 reactores (de un total de 17 que conforman el parque nuclear) que habían entrado en funcionamiento antes del año 1980. La energía nuclear supone casi el 25% de la electricidad que se consume en el país. El día 30 de mayo, el gobierno anunció la decisión de abandonar la utilización de la energía nuclear en el horizonte del año 2022 y sustituir su generación eléctrica por una mayor contribución de las energías renovables y de las centrales térmicas de carbón y un mayor aprovechamiento de los intercambios internacionales con los países vecinos. De esta manera, un grupo de 6 reactores podrá operar hasta el año 2021 y un grupo final de 3 unidades tendrá que desconectarse del sistema eléctrico en el año 2022. La Confederación de la Industria Alemana ha estimado que el cierre de las centrales nucleares tendrá un coste de 33.000 millones de euros, sin contabilizar los costes necesarios para el reforzamiento de las líneas de transporte y tecnologías para almacenamiento de electricidad para soportar una mayor dependencia de las energías renovables y que elevará las emisiones de CO_2 en 70 millones de toneladas anuales.

Esta decisión adoptada en Alemania no puede ser trasladada a otros países por su carácter coyuntural, la situación geográfica de Alemania, su capacidad de interconexión en la red internacional y la existencia de recursos naturales propios (gran cantidad de reservas de carbón). Con la base sólida y tecnológica alemana y su enorme experiencia nuclear es de esperar que esta decisión sea reversible y no definitiva. En los últimos años, la política energética alemana ha sufrido importantes modificaciones de tipo político y puede que esta decisión se vuelva a replantear teniendo en cuenta los retos energéticos, ambientales y económicos en el medio y largo plazo.

En el caso de España, de la evaluación realizada por el Consejo de Seguridad Nuclear, de acuerdo con el calendario establecido en la Unión Europea, se han obtenido las siguientes conclusiones:

- Los informes presentados por los titulares cumplen con las especificaciones de las pruebas de resistencia elaboradas por WENRA/ENSREG y dan una respuesta adecuada a las correspondientes Instrucciones Técnicas Complementarias (ITC) emitidas por este organismo.

- No se ha identificado ningún aspecto que suponga una deficiencia relevante en la seguridad de estas instalaciones y que pudiera requerir la adopción urgente de actuaciones en las mismas.

- Los informes de los titulares concluyen que actualmente se cumplen las bases de diseño y las bases de licencia establecidas para cada instalación.

- Las comprobaciones y estudios realizados ponen de manifiesto la existencia de márgenes que aseguran el mantenimiento de las condiciones de seguridad de las centrales más allá de los supuestos considerados en el diseño. Adicionalmente, para incrementar aún más la capacidad de respuesta frente a situaciones extremas, los titulares proponen la implantación de mejoras relevantes y el refuerzo de los recursos para hacer frente a emergencias.

- Las mejoras identificadas se realizarán en varias etapas, en función de sus características técnicas y de los plazos necesarios para su implantación.

- La evaluación del CSN ha identificado acciones y estudios complementarios para asegurar que todos los aspectos quedan adecuadamente tratados y que las acciones propuestas son eficaces.

Estas conclusiones muestran las condiciones de seguridad en las que operan las centrales nucleares españolas, la solidez de sus diseños y sus márgenes de seguridad. Las centrales nucleares están sólidamente preparadas para hacer frente a los sucesos postulados en sus bases de diseño, siendo éstas adecuadas y conservadoras. Las centrales nucleares disponen de márgenes para afrontar los sucesos analizados en escenarios más extremos que los de sus bases de diseño. En el análisis de detalle, las centrales han identificado posibles mejoras cuya implantación podría aumentar los márgenes de seguridad existentes para situaciones extremas.

La obtención de los resultados satisfactorios en este ejercicio ha sido posible gracias a:

- El acierto en la selección y caracterización de los emplazamientos donde se construyeron las centrales nucleares que se basaron en unas bases de diseño que siguen siendo plenamente válidas.

- La evaluación y mejora continuada de la seguridad que se realiza en las centrales nucleares desde el origen de los proyectos, que ha implicado sucesivas y significativas mejoras en equipamientos, procedimientos y gestión de la seguridad en nuestras instalaciones.

- La disponibilidad y profesionalidad de un equipo de trabajo que sin escatimar esfuerzos y recursos ha realizado estos análisis con rigor y diligencia.

9.7. Conclusiones

En los últimos años, el escenario energético mundial y europeo ha cambiado sustancialmente. Se ha producido un incremento muy importante de la demanda energética, particularmente de la eléctrica, aumentada de forma espectacular por el desarrollo de los países emergentes.

Al mismo tiempo, ha surgido la amenaza de un cambio climático originado por el aumento de las emisiones de gases de efecto invernadero, especialmente el dióxido de carbono, procedentes de la combustión de los combustibles fósiles. Conviene considerar que, pese a las llamadas al ahorro energético, indudablemente necesario, la demanda energética va a continuar su escalada, impulsada por el aumento de población y la acelerada incorporación de las sociedades emergentes a los niveles de consumo de los países desarrollados. Además, a más largo plazo habrá que utilizar crecientes cantidades de energía para sustituir la empleada en el sector del transporte por otra no emisora de gases de efecto invernadero y para la producción de agua potable por desalación del agua del mar. Hay que esperar, por tanto, una fuerte penetración de la electricidad como sustitutiva del uso directo de los combustibles fósiles.

Ante esta situación, en el futuro va a ser necesario contar con todas las fuentes disponibles, incluida la nuclear, en un mix energético lo más equilibrado posible, de tal forma que se alcancen de forma simultánea los criterios necesarios de sostenibilidad.

La energía nuclear ofrece, a través del análisis de los parámetros que condicionan la cobertura de la demanda, soluciones positivas, que la convierten en una de las energías básicas en el panorama energético mundial, tanto presente como futuro, según recogen los organismos internacionales expertos en esta materia, como el Consejo Mundial de la Energía, la Agencia Internacional de la Energía o la Organización para el Desarrollo y la Cooperación Económica. España no debe ser ajena a las consideraciones de estos organismos si no quiere perder el tren de la competitividad y el desarrollo futuros.

En España, las características de nuestro sistema energético, la alta dependencia exterior, el alejamiento del cumplimiento de nuestros compromisos medioambientales, la escasa eficiencia y competitividad, hacen necesario un marco estable a largo plazo, para lo que se necesita que todos los agentes económicos, políticos y sociales alcancen un Pacto de Estado en materia energética.

En este sentido, es necesario tener en cuenta los retos que deben afrontarse a medio y largo plazo, de tal forma que se pueda establecer un modelo energético sostenible en el tiempo, en el que todas las tecnologías disponibles se incorporen maximizando sus ventajas y minimizando sus inconvenientes, y del que la energía nuclear ha de ser una opción fundamental en la búsqueda de la solución a los retos planteados en el presente y en el futuro.

9. 8.   Bibliografía y recursos web

- ENERGÍA 2012, Foro de la Industria Nuclear Española.

- Resultados y perspectivas nucleares. 2010, un año de energía nuclear, Foro de la Industria Nuclear Española.

- IAEA-Pris (*www.iaea.org/programmes/a2*)

- Naciones Unidas *(www.cop17-cmp7durban.com)*

- Empresa Nacional del Uranio (*www.enusa.es*)

- Asociación Española de la Industria Eléctrica *(www.unesa.es)*

- Organismo Internacional de Energía Atómica (*www.iaea.org*)

- Unión Europea (*europa.eu/index_es.htm*)

- Dirección General de Energía Comisión Europea (*ec.europa.eu/dgs/energy/index_en.htm*)

- Secretaría de Estado de Energía Ministerio de Industria, Energía y Turismo

- Foro Nuclear a partir de UNESA – Avance Estadística de la Industria Eléctrica 2011 y de REE – El Sistema Eléctrico Español – Avance del informe 2011.